应用型人才培养教材

AutoCAD与室内设计制图识图

彭秀川 **主编**

彭 玥 刘婷婷 **副主编**

U0230585

 化学工业出版社

·北 京·

内 容 简 介

本书分为八个项目，分别讲解了 AutoCAD 入门，基础绘图实践应用，初级绘图实践应用，高级绘图实践应用，住宅室内设计施工图识图与绘制，办公空间设计施工图识图与绘制，展示空间设计施工图识图与绘制，家具设计施工图识图与绘制等内容。

项目内容按照学习过程，结合企业岗位目标要求，将 AutoCAD 的学习融合到室内设计施工图识图项目中，使学习者易学易懂。其中项目一、项目二均围绕熟悉 AutoCAD 操作应用展开；项目三、项目四围绕能用 AutoCAD 熟练地绘制施工图展开；项目五至项目八立足将 AutoCAD 使用与室内设计识图制图相融合，对接专业课程教学标准、教学内容，对接企业岗位目标要求，对接室内设计各专业方向，将室内工程项目整合搬进教材，有利于帮助教师优化课程内容，更好地帮助学生理解知识、能力、素养目标，更方便快捷地掌握运用 AutoCAD 绘制室内设计各施工图。

本书开发有大量与教材配套的数字教学资源，主要包括图片、微课视频等，在关键知识点旁插入二维码资源标志，学生随扫随学，方便师生线上线下教学互动。

本书适用于应用型本科、高等职业院校建筑室内设计、建筑装饰设计、环境艺术设计、家具设计等专业，同时也适合装饰行业的相关从业人员使用。

图书在版编目（CIP）数据

AutoCAD 与室内设计制图识图 / 彭秀川主编． —北京：化学工业出版社，2022.6
ISBN 978-7-122-41026-9

Ⅰ．①A… Ⅱ．①彭… Ⅲ．①室内装饰设计 - 计算机辅助设计 - AutoCAD 软件 Ⅳ．①TU238.2-39

中国版本图书馆 CIP 数据核字（2022）第 047022 号

责任编辑：李仙华　朱　理　　　　　　　　　　文字编辑：林　丹　沙　静
责任校对：宋　玮　　　　　　　　　　　　　　装帧设计：史利平

出版发行：化学工业出版社（北京市东城区青年湖南街 13 号　邮政编码 100011）
印　　装：大厂聚鑫印刷有限责任公司
880mm×1230mm　1/16　印张 10½　字数 335 千字　2023 年 1 月北京第 1 版第 1 次印刷

购书咨询：010-64518888　　　　　　　　　　售后服务：010-64518899
网　　址：http://www.cip.com.cn
凡购买本书，如有缺损质量问题，本社销售中心负责调换。

定　　价：39.00 元

随着社会经济发展和城市化建设，人们对环境空间从文化及艺术的内涵上升到精神内在的关注，对功能、心理、精神空间越来越重视。这些年住宅空间、办公空间、展示空间设计和家具设计等行业迅速发展，随着技术手段的革新，设计行业不再是手绘制图而是计算机制图，管理信息化，专业规范化，分工越来越细，对高校教书育人、专业建设、课程建设提出了更高要求。

本书编写以室内设计群为着力点，将 AutoCAD 的学习与室内各设计专业结合，把工匠精神的"精于工、匠于心、品于行"的内涵落实到制图规范中，以项目案例为教学"轴心"，把涉及室内设计各专业的知识有机地结合在一起，系统、全面地学习。

本书图文并茂、条理清晰、精炼丰富，使学习者容易理解。本书最大的特点是面向室内设计各专业方向，其中住宅空间、办公空间、展示空间都是以完整的设计项目为核心，提供了从设计效果图、水电施工图、开关插座施工图、平面施工图、天花施工图、立面施工图到剖面施工图、详图等完整的施工图纸。本书与课程教学内容和岗位要求结合，详细介绍了设计施工图内容、施工图规范、施工图绘制方法，学习者对照提供的效果图与施工图，可以独立完成识图和制图的学习，从而达到从入门到精通的过程。家具设计更是提供了全套家具设计施工图案例和大量生产实践的家具设计案例，便于学习者参照练习。

本书开发有大量与教材配套的数字教学资源，包括图片、微课视频等，以二维码形式在书中关键知识点旁呈现，学生随扫随学。同时，本书还提供有配套教学课件，可登录 www.cipedu.com.cn 免费获取。

本书由湖南工程职业技术学院彭秀川老师担任主编；湖南工业大学彭玥老师，荆楚理工学院刘婷婷老师担任副主编；湖南工程职业技术学院向小丽老师，湖南艺术职业学院李浩老师，长沙职业技术学院刘静老师参编。

由于编者水平有限，书中难免存在不妥之处，敬请广大读者批评指正。

编者

2022 年 5 月

二维码资源目录

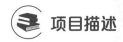

项目描述

该项目主要围绕 AutoCAD 概况与 AutoCAD 操作界面与设置进行讲解，主要使学习者对 AutoCAD 有一个基本的认知，熟悉一些工具界面的基本操作方法。

学习目标

掌握认识 AutoCAD 界面，认识工具图标，掌握图层设置及文字应用基本设置与操作。

工作任务

通过计算机绘制案例操作的方式演绎界面的设置和展示 AutoCAD 基本操作方法。

AutoCAD(Autodesk Computer Aided Design) 软件是由欧特克有限公司 (Autodesk) 出品的一款自动计算机辅助设计软件，可以用于二维制图和基本三维设计。通过它可自动制图，因此它在全球使用广泛，可以用于建筑工程、装饰设计、水电工程、土木施工、城市规划、园林设计、电子电路、机械设计、服装设计、工业制图等诸多领域。

Autodesk 提供设计软件、Internet 门户服务、无线开发平台及定点应用。Autodesk 公司的著名软件有 AutoCAD、Autodesk 3ds Max、Autodesk Alias Auto Studio、Autodesk Maya 等。

AutoCAD 的版本从 1982 年 AutoCADV(ersion)1.0 版到现在 AutoCAD 2022 版本。新功能主要有：DWG 文件能够比较轻松地识别和记录两个版本的图形和外部参照之间的图形差异；二维图形增强功能；更快速地缩放、平移以及更改绘图次序和图层特性；通过"图形性能"对话框中的新控件，可以轻松配置二维图形性能的行为；共享视图，使用共享链接在浏览器中发布图形设计视图，并直接在 AutoCAD 桌面中接收注释；视图和视口，将命名视图插入布局中，在软件许可规定的条件下随时更改视口比例或移动图纸空间视口，快速创建新模型视图，即使正在处理布局也是如此。

软件的运行需要以较高的硬件设备为基础，用户在选用 AutoCAD 软件时，根据自己的硬件设备来选择安装适合自己的版本。低版本的 AutoCAD 打不开高版本的 AutoCAD 文件，

图 1-1　AutoCAD 2022 启动界面

反之高版本的 AutoCAD 可以打开低版本 AutoCAD 文件。如图 1-1 所示为 AutoCAD 启动界面。

任务一　界面认识

启动 AutoCAD 后会出现如图 1-2、图 1-3 所示的用户界面。AutoCAD 的用户界面主要由标题栏、菜单栏、状态栏、绘图操作窗口、命令栏等组成。

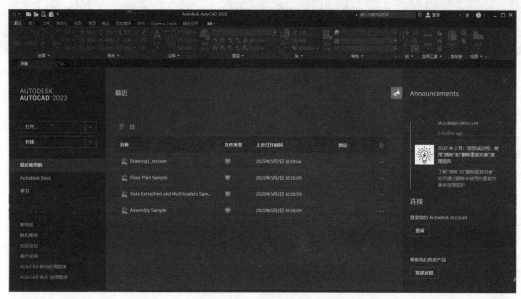

1.1　CAD 初始界面

图 1-2　启动后的初始界面

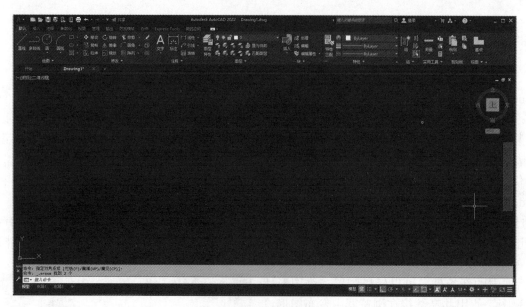

1.2　CAD 绘图界面

图 1-3　启动后的绘图界面

一、标题栏

标题栏是界面最上面的那一栏，包括控制图标及窗口的"最小化""最大化""关闭"按钮，并显示应用程序和当前图形名称，如图 1-4 所示。

Autodesk AutoCAD 2022   Drawing1.dwg

图1-4　显示应用程序和当前图形名称

二、菜单栏

　　菜单栏包括：文件、编辑、视图、插入、格式、工具、绘图、标注、修改、参数、窗口、帮助菜单，如图1-5。菜单命令后面的黑色三角形或角形符号表示该菜单命令还有子菜单命令，如图1-6、图1-7；若菜单命令后有省略号，表示该菜单命令可打开一个对话框，如图1-8。在绘制图形时可以直接通过菜单栏选择执行命令（即操作命令）。

文件(F)　编辑(E)　视图(V)　插入(I)　格式(O)　工具(T)　绘图(D)　标注(N)

图1-5　菜单栏　　　　　　　　　　　　　　　图1-6　黑色三角形

工作空间(O)　　　　　　　　　　块(B)...
选项板　　　　　　　　　　　　　DWG 参照(R)...
工具栏　　　　　　　　　　　　　DWF 参考底图(U)...

图1-7　黑色角形符号　　　　　　　　　　　图1-8　省略号

三、工具栏

　　工具栏是将常用具有共性的操作按钮集中配置在一起，通过工具栏直观、快捷地执行命令。如绘图工具栏、修改工具栏、标注工具栏等，如图1-9～图1-11。将鼠标指针移动到工具栏上，单击右键弹出快捷菜单，选择需要的工具栏。左侧已有打钩的表示已经显示在用户界面上，没有打钩的可以继续打钩让其显示在用户界面工具栏处。

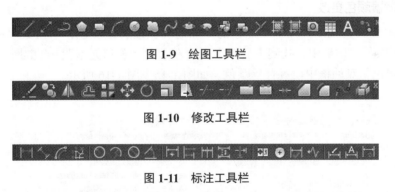

图1-9　绘图工具栏

图1-10　修改工具栏

图1-11　标注工具栏

四、状态栏

　　状态栏位于用户界面的底部，主要显示：坐标、提示信息，如图1-12。同时底部还有控制按钮：捕捉、栅格、正交、极轴、对象捕捉、三维对象捕捉、对象追踪、允许/禁止、动态输入、显示显宽、模型按钮等，如图1-13。

指定基点或 [位移(D)/模式(O)] <位移>：
COPY 指定第二个点或 [阵列(A)] <使用第一个点作为位移>：
模型　布局1　布局2　+

图1-12　输入命令栏、模型、布局

图 1-13　栅格、对象捕捉、三维对象捕捉等

五、绘图窗口

　　绘图窗口是用户界面的空白窗口，也称为视图窗口，是用来绘制和显示图形的区域。在 AutoCAD 中创建新图形文件或打开已有的图形文件时，都会产生相应的绘图窗口来显示和编辑其内容，同时支持多个绘图窗口，如图 1-14 所示。

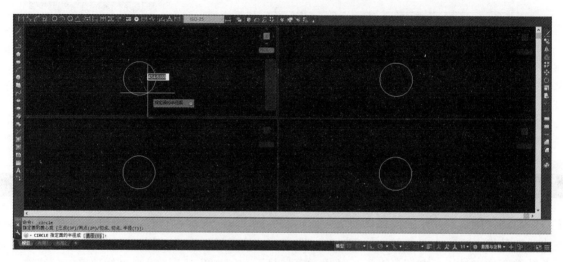

图 1-14　四视图操作窗口

1. 绘图窗口的背景颜色更改

　　默认状态下，用户操作视图界面都是黑色的。如需要更改背景颜色，单击菜单栏【工具】→【选项】，在弹出的"选项"对话框中，找到【显示】页面左上角"窗口元素"，点击最下面的【颜色】按钮，在弹出"图形窗口颜色"对话框中设置背景颜色。如图 1-15、图 1-16 所示。

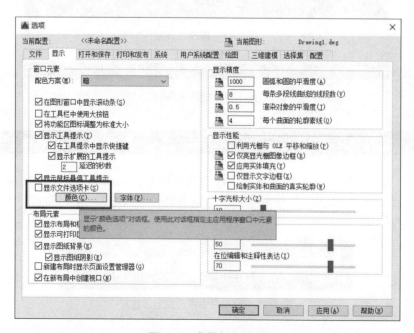

图 1-15　背景颜色按钮

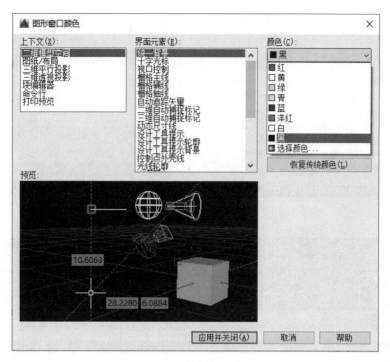

图 1-16 背景颜色选项

2. 更改十字光标大小

在绘图窗口中，鼠标的指针会变成一个十字光标，该十字光标可以调整大小。系统默认值为"5"，最大值为"100"。十字光标为最大值时，光标线会无限延伸，在绘制图形时可以起到参考作用。如需要更改十字光标大小，单击菜单栏【工具】——【选项】，在弹出的"选项"对话框中，找到【显示】页面，在右下"十字光标大小"处，左右移动蓝色滑块，可以设置十字光标大小，如图 1-17 所示。

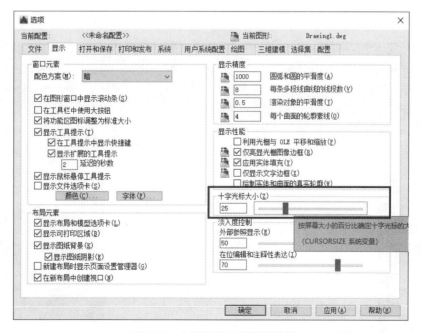

图 1-17 十字光标大小设置按钮

六、命令窗口

用户操作视图界面的下面就是命令窗口，在命令窗口内输入命令，并按【Enter】键，即显示相应的命令信息提示。命令行中文本行数可以改变，将光标移动到命令窗口边框处，待其变为双箭头后，单击鼠标左键拖动变宽。

命令窗口可以放大、缩小、关闭及拖动，如果在绘图过程中不小心关闭或丢失了命令窗口，输入"Commandline"，或按快捷键【Ctrl+9】即可调入命令窗口，如图1-18、图1-19所示。

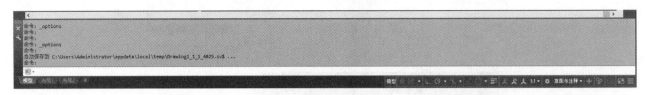

图1-18　命令窗口

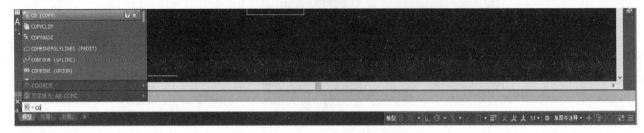

图1-19　命令窗口栏命令自检显示

七、布局标签

用户操作视图界面左下侧还包括一个模型选项卡和多个布局选项卡，它们主要用于实现模型空间与布局空间之间的转换。模型空间主要用于图形的绘制，布局空间主要用于图纸的布局和打印，一张图纸可以建立多个布局且每个布局都有独立的打印设置，如图1-20所示。

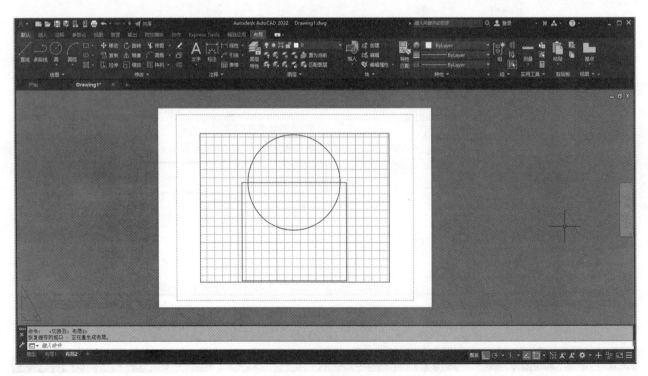

图1-20　布局显示窗口

1. 快速访问工具栏

快速访问工具栏中设置了"新建""打开""保存""另存为""打印""放弃""重做" 7 种常用的工具按钮，如图 1-21 所示。

2. 交互信息工具栏

交互信息工具栏包括"搜索""帮助"等常用的数据交互访问工具，如图 1-22 所示。

图 1-21　快速访问工具栏

图 1-22　交互信息工具栏

3. 状态托盘

状态托盘包括一些常见的显示工具以及模型空间与布局转换工具。

除此之外，用户界面中还有坐标系统的图标，它位于绘图窗口的左下角，是由相互垂直的两条射线组成的图形，用于显示当前的绘图所在的坐标系，如图 1-23。单击【视图】—→【显示】—→【UCS 图标】—→【开】命令来控制坐标的开关。在绘图窗口的右侧和下侧分别有垂直、水平滚动条，用于上下或左右移动绘图窗口内的图形，如图 1-24。

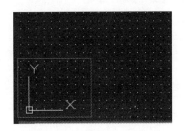

图 1-23　用户界面左下角坐标

图 1-24　用户界面滚动条

任务二　AutoCAD 的基本操作

一、创建新文件

AutoCAD 创建新文件一般有下列三种方法：单击【新建】按钮、执行命令输入"NEW"、按快捷键【Ctrl+N】。

◇ 工具栏　在工具栏中单击【新建】按钮，点击左上角图标处黑色小三角形，单击【新建】，如图 1-25、图 1-26 所示。

图 1-25　快速新建图形

图 1-26　下拉新建图形

◇ 快捷键　使用组合键【Ctrl+N】，打开"选择样板"的对话框，在"选择样板"对话框中，选中需要的图形样板文件，对话框右侧的"预览"窗口中会出现图形样板文件名，单击需要的图形样板文件名"acadiso"，选中的样板文件名变成淡蓝色，单击【打开】按钮即可新建图形。如图 1-27 所示。

◇ 命令行　在命令行中输入"NEW"，按【Enter】键或者【Space】键确认，打开"选择样板"对话框，如图 1-27 所示。

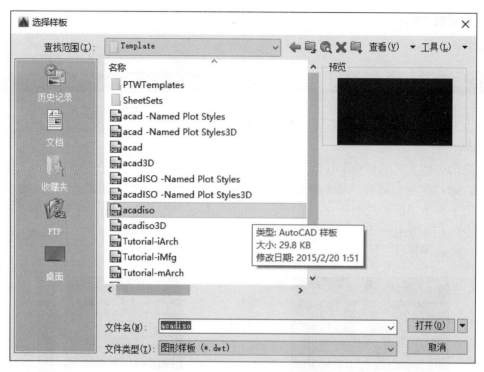

图 1-27　"选择样板"对话框

二、打开和保存文件

1. 打开文件

◇ 菜单栏　选择【文件】——【打开】命令，如图 1-28 所示。

◇ 工具栏　单击"标准"工具栏中的【打开】按钮，如图 1-29 所示。

图 1-28　菜单打开文件

图 1-29　快速打开文件

◇ 命令行　在命令行输入"OPEN"，执行命令后，会弹出"选择文件"对话框，如图 1-30 所示。

点击图 1-31 左上角图形小三角形，从最近使用的文档中打开文件。如果是最近使用过的文件，文件会被记录下来，用户在快速打开下拉页面里会看到这些文件，单击需要打开的文件名即可打开该文件，如图 1-31 所示。

图 1-30 "选择文件"对话框

图 1-31 最近打开文件记录

2. 保存文件

◇ 工具栏 在工具栏中单击【保存】按钮，见图 1-32。

◇ 菜单栏 单击菜单栏【文件】，下拉菜单单击【保存】或【另存为】按钮，如图 1-33。

图 1-32 快速保存文件

图 1-33 菜单保存文件

◇ 快捷键 使用组合键【Ctrl+S】保存文件。

◇ 命令行 命令行输入 "SAVE" 命令。

执行以上操作后，系统将弹出 "图形另存为" 对话框，如图 1-34 所示。在 "文件名" 文本框内输入文件名，在 "文件类型" 下选择 ".dwg" 格式，单击【保存】按钮即可。

图 1-34 "图形另存为"对话框

3. 文件自动保存设置与备份

（1）单击菜单栏【工具】——→【选项】，在弹出的"选项"对话框中，找到"文件"页面，在"搜索路径、文件名和文件位置"窗口内，找到"自动保存文件位置"，单击"浏览"按钮，在弹出的对话框中选择要保存的位置，即可修改文件自动保存的位置，如图 1-35 所示。

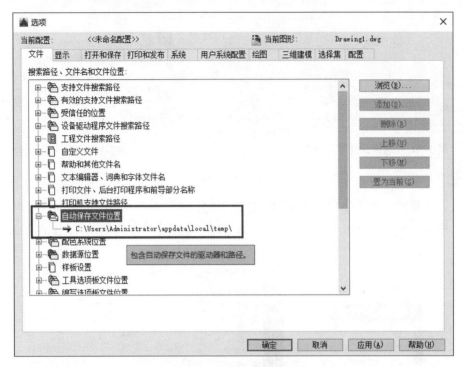

图 1-35 文件自动保存的位置

（2）单击菜单栏【工具】——→【选项】，在弹出的"选项"对话框中，找到"打开和保存"页面，左下角"文件安全措施"归类，第一条勾选"自动保存"并选填"保存间隔分钟数"，如图 1-36 所示。

（3）为了防止文件丢失和损坏，可以勾选"每次保存时均创建备份副本"，如图 1-37 所示。

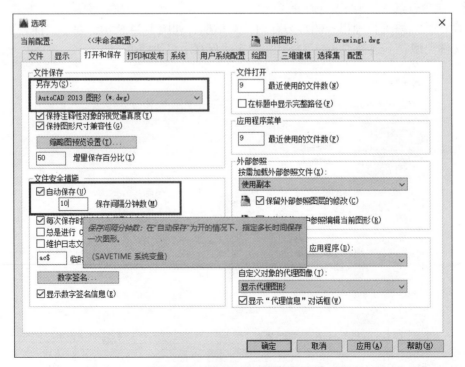

图 1-36 自动保存设置对话框

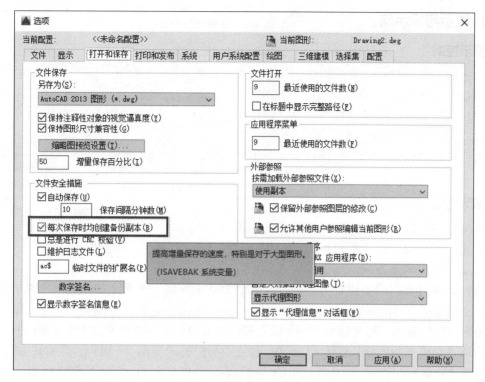

图 1-37　备份副本文件选项

三、世界坐标系统与用户坐标系统

AutoCAD 中有两个坐标系统：世界坐标系（WCS）的固定坐标系、用户坐标系（UCS）的可移动坐标系统。默认情况下，这两个坐标系统在新图形中是重合的，如图 1-38 所示。

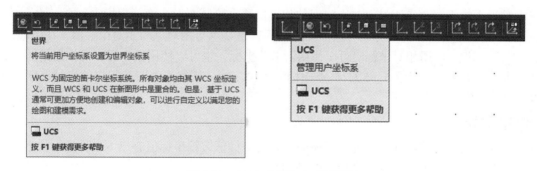

图 1-38　WCS 坐标与 UCS 坐标

（一）世界坐标系

世界坐标系（WCS）由三个互相垂直并相交的坐标轴 X、Y 和 Z 组成。在绘图和编辑图形的过程中，WCS 是默认的坐标系统，其坐标原点和坐标轴方向都不会改变。

WCS 在默认情况下，X 轴正方向为水平方向，Y 轴正方向为垂直向上，Z 轴正方向为垂直屏幕向外，坐标原点在绘图区的左下角。

（二）用户坐标系

用户坐标系（UCS），相对于 WCS，可以根据实际需要创建无限多的用户坐标。UCS 可以在绘图过程中根据具体需要而自定义。

（三）坐标显示与表示法

1. 坐标显示控制

绘图区中坐标的显示样式、大小和颜色等是通过"UCS 图标"对话框来设置的。菜单栏单击"视图"下拉菜单——"显示"——"UCS 图标"——"特性命令"，或在命令行中输入"UCSICON"，输入选项"P"，按【Enter】键，打开"UCS 图标"对话框。如图 1-39 所示。

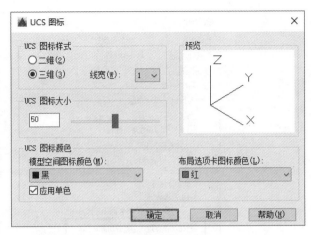

图 1-39　UCS 图标

2. 坐标表示方法

（1）直角坐标系中的表示。直角坐标系又称为笛卡尔坐标系，由一个原点和两个通过原点的、相互垂直的坐标轴构成，其中水平方向的坐标轴为 X 轴，以向右为其正方向；垂直方向的坐标轴为 Y 轴，以向上为其正方向。平面上的任何一点都可以用 X 轴和 Y 轴的坐标来定义，即用一对坐标值 (x, y) 来定义一个点，如某点在直角坐标系中的坐标为（6，10）。

（2）极坐标系中的表示。极坐标系由一个极点和一个极轴构成，极轴的方向为水平向右。平面上任何一点都可以由该点到极点的连线长度 L（$L > 0$）和连线与极轴的交角 a（极角，逆时针方向为正）定义，即用一对坐标值（$< a$）来定义一个点，这里的"$<$"表示角度。例如，某点的极坐标为（1000 < 50）。

（四）坐标输入法

1. 绝对坐标的输入

绝对坐标是以左下角的原点（0，0，0）为基点来定义所有的点。绘图区内任何一点均可用（X，Y，Z）来表示，可以通过输入 X、Y、Z 轴的坐标（中间用逗号间隔）来定义点的位置。例如，画一条直线段 AB，端点坐标分别为 A（500，500，0）和 B（1500，1500，0）。

2. 相对坐标的输入

在某些情况下，需要直接通过点与点之间的相对位移来绘制图形，而不想指定每个点的绝对坐标。因此，AutoCAD 提供了使用相对坐标的方法。相对坐标就是某点与相对点的相对位移值，在 AutoCAD 中相对坐标用"@"标识。使用相对坐标时可以使用笛卡儿坐标，也可以使用极坐标，可根据具体情况而定。

例如，某一线段的起点为（5，5），终点坐标为（10，5），则终点相对于起点的相对坐标为 (@5,0) 用相对极坐标表示为 (@5 < 0)。

3. 坐标值的显示

在屏幕底部状态栏中能够显示当前光标所处位置的坐标值，该坐标值有以下三种显示状态。

（1）绝对坐标状态：显示光标所在位置的坐标。

（2）相对极坐标状态：在相对于前一点来指定第点时可使用此状态。

（3）关闭状态：颜色变为灰色，并"冻结"关闭时所显示的坐标值。

可以根据需要在三种状态之间进行切换。其方法为：用鼠标右键单击状态栏中显示坐标值的区域，在弹出的快捷菜单中选择相应的命令。

四、图形界限设置

为避免在绘图过程中所绘制的图形超出用户工作区域或图纸的边界，使用绘图界限来设定绘图范围，也就是绘图边界。

1. 设置图形界限

（1）菜单栏单击【格式】——【图形界限】命令，或命令栏输入"LIMITS"命令。执行命令后，命令栏显示重新设置模型空间界限，图形界限默认左下角原点为：< 0.0000，0.0000 >，右上角原点为< 420.0000，297.0000 >，如图 1-40 所示。

1.3 图形界限设置方法

图 1-40 图形界限设置

（2）命令栏出现"指定左下角点或［开（NO）/关（OFF）］< 0.0000，0.0000 >"，表示 X 轴坐标与 Y 轴坐标值为"0"，即左下角原点坐标值为 0。该数值一般保持默认，如果需要设定可根据需要的数值输入，如"100，100"，中间用逗号隔开；如果保持默认直接按【Enter】键或者【Space】键确认，如图 1-41 所示。

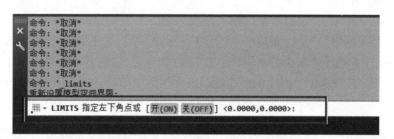

图 1-41 命令栏指定左下角默认数值

（3）命令栏出现"指定右上角点< 420.0000，297.0000 >"，即原相对原点对角的右上角位置，表示 X 轴坐标数值为 420.0000，Y 轴坐标数值为 297.0000，即 A3 图纸大小。一般设置绘制图形范围的尺寸主要设置右上角点，如长为 8000，宽为 4000 的长方形，可输入"8000，4000"，按【Enter】键或者【Space】键确认，如图 1-42 所示。

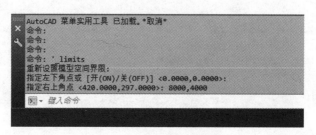

图 1-42 指定右上角数值

（4）最后输入命令"ZOOM"，选择"A"显示全部即可。同时可以选择右下角"栅格"按钮，查看图形界限设置的显示范围。如果命令栏出现"栅格太密，无法显示"，选择右下角"栅格"按钮，单击鼠标右键，弹出"草图设置"对话框，选择"捕捉和栅格"选项面板，勾选"启用栅格"，在"栅格间距"中设置栅格 X 轴、栅格 Y 轴需要的间距，输入数值"200"，勾选"遵循动态 UCS"，最后单击【确定】按钮。命令栏输入"ZOOM"缩放，按【Enter】键，输入"A"显示全部，按【Enter】键，如图 1-43 所示。

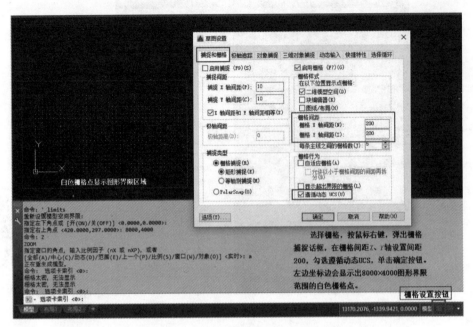

图 1-43　图中白色点区域为设置的图形界限区域（8000，4000）

2. 绘制矩形设置绘图范围

在绘图工具栏上单击【矩形】；或在命令栏中输入"RECTANG"命令，按【Enter】键或者【Space】键确认。命令栏中出现"指定第一个角点或［倒角（C）/标高（E）/圆角（F）/厚度（T）/宽度（W）］"，即左下角原点输入数值"0，0"，根据需要再输入相应数值，一般按【Enter】键默认该数值。

"指定第一个角点或［倒角（C）/标高（E）/圆角（F）/厚度（T）/宽度（W）］"完成设置后，按【Enter】键，命令栏出现"指定另一个角点或 [面积 (A)/ 尺寸 (D)/ 旋转 (R)]"，输入字母"D"，按【Enter】键，出现指定矩形的长度，并输入数值如"8000"，按【Enter】键，出现指定矩形的宽度，输入数值如"4000"，按【Enter】键，空白处单击鼠标左键或按【Enter】键，绘图页面出现绘制范围的矩形，如图 1-44、图 1-45 所示。

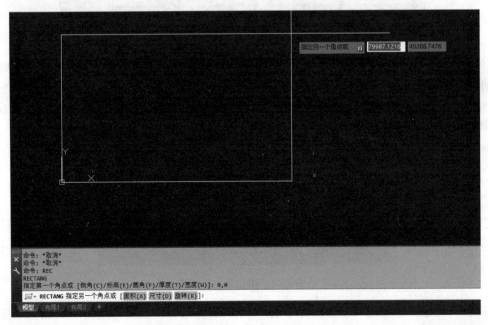

图 1-44　设置矩形第一个角点位置

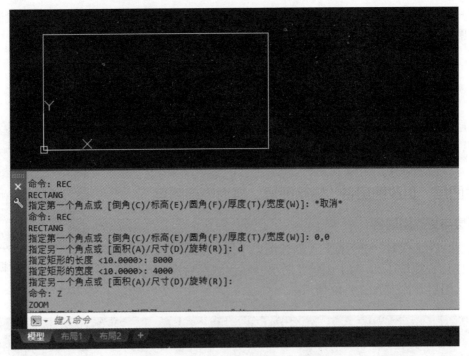

图1-45 命令栏输入矩形界限的限定

3. 图形单位设置

命令栏输入"UNITS",按【Enter】键,弹出"图形单位"对话框。对话框中可以设置绘图的长度类型、角度类型及精度。还可以设置插入图形时的缩放单位,单击【方向】按钮,弹出"方向控制"面板,可以设置基准角度,如图1-46所示。

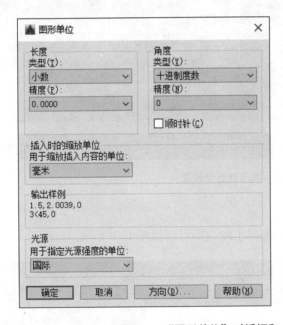

图1-46 "图形单位"对话框和"方向控制"面板

五、图层的使用

图层相当于重叠的图纸,是绘制图形时使用的主要组织工具。可以利用图层将信息按功能编组,以及统一执行线型、颜色及其他标准。通过创建图层,可以将类型相似的对象指定为同一图层使其相关联。

管理图层一般使用图层特性管理器，而管理图层的命令都集中在工作空间的"常用选项板"的"图层"选项栏下，如图 1-47、图 1-48 所示。

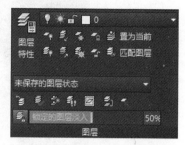

图 1-47　工具栏打开的图层管理

单击"图层"选项栏下的【图层特性】按钮，系统将弹出"图层特性管理器"对话框，可以通过"图层特性管理器"对话框建立新图层，为图层设置线型、颜色、线宽等，如图 1-49 所示。

图 1-48　面板化图层管理

（一）新建图层、更改图层名、删除图层、置为当前图层

1. 新建图层与更改图层名

单击"图层特性管理器"对话框的【新建图层】按钮就可以创建一个新图层，也可以使用快捷键【Alt+N】创建新图层。新建图层后双击新图层名称，可直接输入图层名称，如图 1-49 所示。

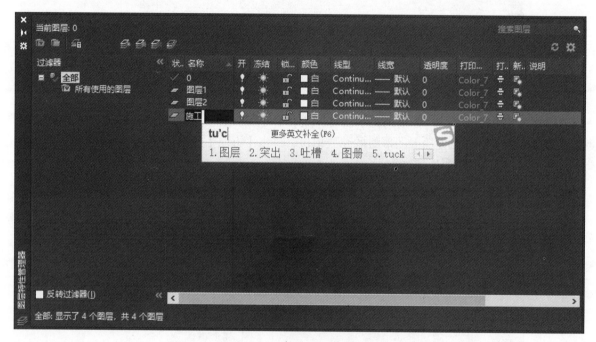

图 1-49　图层特性管理器

2. 删除图层

选中需要删除的图层，然后直接单击【删除图层】按钮即可，如图 1-50 所示。

图 1-50　删除图层

3. 置为当前图层

选中需要置为当前的图层，然后直接单击【置为当前】按钮即可，如图 1-51 所示。

图 1-51　置为当前图层

（二）图层颜色、线宽、线型设置

1. 设置图层颜色

设置图形的颜色可以直接单击"图层特性管理器"页面上的颜色色块，系统就会弹出"选择颜色"对话框，如图 1-52 所示。

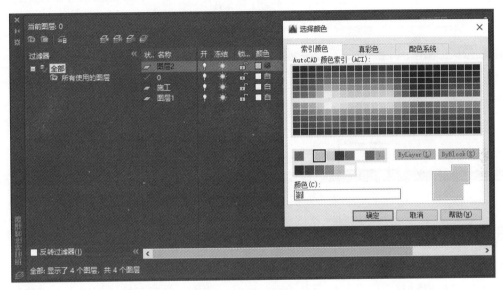

图 1-52　设置图层颜色

2. 线宽设置

绘制工程图时经常要采用不同线宽设置，如细实线、轮廓线等，单击"图层特性管理器"页面上【线宽】按钮，弹出"线宽"对话框，设置线型粗细，如图 1-53 所示。

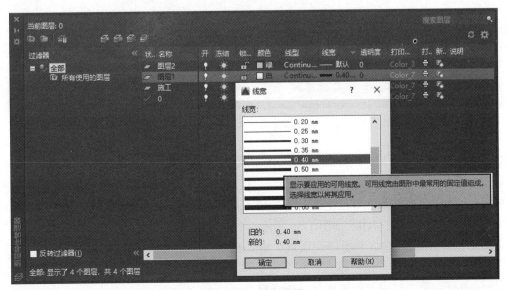

图 1-53　线宽设置

3. 线型设置

不同类型的工程图纸中需要用不同线型来表达，如虚线、点划线、双点划线等。可以直接单击"图层特性管理器"页面上【线型】按钮，系统会弹出"选择线型"对话框，单击【加载】，弹出"加载或重载线型"对话框，选择需要的线型，如图 1-54 所示。

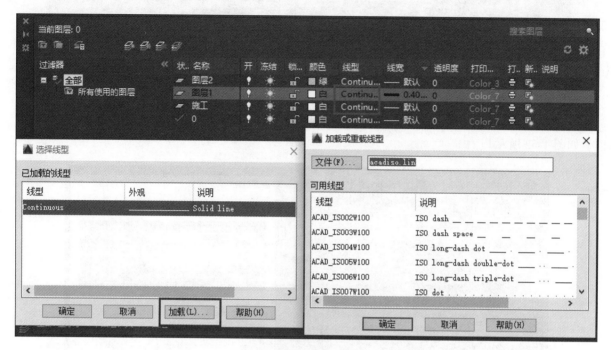

图 1-54 线型设置

（三）图层打开、冻结、锁定设置及默认图层

1. 图层的打开、冻结和锁定

在 AutoCAD 中可以对各图层进行打开、关闭、冻结、解冻、锁定与解锁等操作，以决定各图层的可见性与可操作性。

打开、关闭图层的方法是激活或关闭图层前的小灯泡图标；冻结、解冻图层的方法是激活或是关闭图层前的太阳图标；锁定与解锁图层的方法是激活或关闭图层前的铁锁图标，如图 1-55 所示。

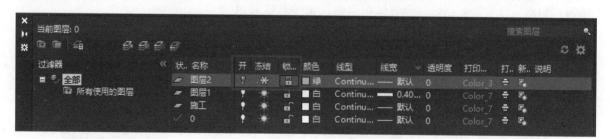

图 1-55 图层的打开、冻结、锁定

2. AutoCAD 中 0 图层与 Defpoints 图层的区别及用途

Defpoints 图层和 0 图层都是 AutoCAD 系统默认图层，通常用作草稿图层，均不能被更名和删除，但可以更改其特性。如果将图都画在 0 层上，容易导致图层混乱，不利于分层管理。区别在于 0 图层可以被打印，但 Defpoints 图层不能被打印。如图 1-56 所示。

0 图层通常用来创建块文件，具有随层属性（即：在哪个图层插入该块，该块就具有插入层的属性）；Defpoints 图层中放置了各种标注的基准点，在平常是看不出来的，把标注"炸开"就能发现，关闭其他图层后，然后选择所有对象，就会发现里面是一些点对象。

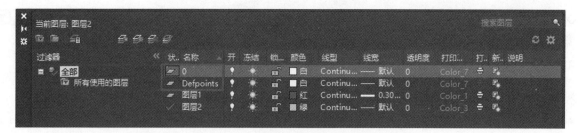

图 1-56　Defpoints 图层与 0 图层

六、捕捉和正交方式

1. 对象捕捉的设置

光标放在"捕捉模式"图标上，单击鼠标右键，弹出如图 1-57 所示的对话框，点击【捕捉设置】按钮，弹出"草图设置"对话框，如图 1-58。

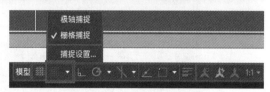

图 1-57　对象捕捉按钮

2. 对象捕捉

在"草图设置"对话框上，点击【对象捕捉】，切换到"对象捕捉"页面。在绘图过程中可以快速、准确地确定一些特殊点，如圆心、端点、中点、切点、垂足等帮助绘图，如图 1-58 所示。

3. 正交方式

利用正交功能，用户可以方便地绘制与当前坐标系统的 X 轴或 Y 轴平行线段（对于二维绘图而言，就是水平线或垂直线）。单击状态栏上的【正交限制光标】按钮可快速实现正交功能启用的切换，正交快捷键为【F8】，如图 1-59 所示。

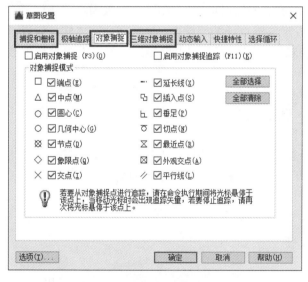

图 1-58　对象捕捉的设置

图 1-59　正交按钮的开关

七、文字

AutoCAD 中的文字非常重要，用于表达施工图中重要的信息。例如施工图设计说明、施工图名称、材料说明、空间名称等。

1. 创建文字

命令：MTEXT，快捷命令：MT

◇ 工具栏 单击【绘图】，点击下拉菜单上的【文字】按钮——按鼠标左键不放，拖动出一个"文字格式"对话框——再单击鼠标左键确认创建——在弹出的"文字格式"对话框中输入需要的文字——单击"确认"，如图1-60所示。

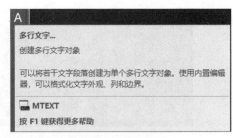

◇ 命令行 命令栏中输入快捷命令"MT"——按鼠标左键不放，拖动出一个"文字格式"对话框——再单击鼠标左键确认创建——在弹出的"文字格式"对话框中输入需要的文字——单击"确定"，如图1-61所示。

图1-60 绘图工具上文字按钮

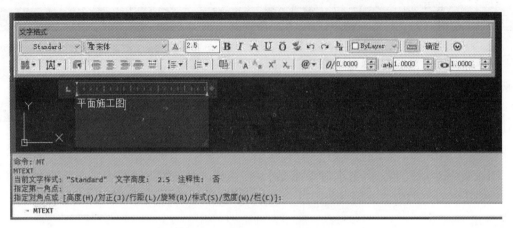

图1-61 命令栏输入"MT"命令

2. 文字样式

命令：STYLE，快捷命令：ST

字体样式指的是一个详细且完整的针对文本内容的设置，即字体＋格式。一般通过"字体样式"对话框，对文字的大小、字体、颜色以及加粗或斜体等参数进行详细的设置，完成一套字体样式设置。在使用AutoCAD制图的过程中需要使用不同风格字体样式的文本内容时，可以先把这些文本内容选中然后进行简单的设置即可。

◇ 菜单栏 单击菜单栏【格式】——点击下拉菜单上"文字样式"——弹出"文字样式"对话框——单击【新建】按钮——弹出"新建文字样式"——设置字体样式、文字高度、字体效果——单击【置为当前】——单击【关闭】按钮结束。如图1-62～图1-64所示。

◇ 命令行 命令栏输入快捷命令"ST"——弹出"文字样式"对话框——单击【新建】按钮——弹出"新建文字样式"——设置字体样式、文字高度、字体效果——单击【置为当前】——单击【关闭】按钮结束。

图1-62 菜单栏格式下文字样式

图1-63 "文字样式"对话框

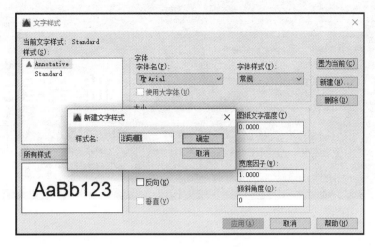

图1-64　新建文字样式

思考题

1. 什么是菜单栏、标题栏、工具栏？
2. 绘图窗口的背景颜色在哪里设置？
3. 十字光标的大小在哪里设置？
4. 图形界限的设置方法有几种？
5. 创建图层、删除图层分别在哪里设置？
6. 文件自动保存的位置在哪里设置？
7. Defpoints图层与0图层的区别与作用分别是什么？
8. 对象捕捉的按钮在哪里设置？

实操题

1. 完成以下文字编辑，设置字体高度为80mm，字体为黑体，并加粗，如图1-65所示。
2. 完成4000mm×4000mm图形界限设置，完成直径为700mm的圆形绘制，如图1-66所示。

"AutoCAD与室内设计制图识图"

图1-65　文字示意图　　　　　　　　　　　**图1-66　圆形示意图**

3. 新建图层，将该图层命名为"室内设计制图"，并在该图层上绘制多边形，如图1-67所示。

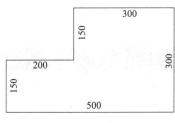

图1-67　多边形示意图

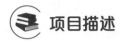 **项目描述**

本项目以 AutoCAD 绘图工具、修改工具操作应用来展开，根据循序渐进的学习过程设计了基础绘图实践项目，主要以几何图形绘制为任务驱动，从而使学习者掌握绘图工具、修改工具的使用方法，具备绘制基础图形的综合实践应用能力。

 学习目标

掌握直线、多边形、圆形、矩形、椭圆、图案填充、移动、复制、偏移、旋转、修剪、延伸、阵列、线型设置等工具的使用方法与基础图形绘制的综合应用。

 工作任务

通过计算机演示操作讲解绘图工具、修改工具；用项目案例绘制来演示基础几何图形绘制过程的方法，以及通过基础图实例的上机实践操作训练，从而掌握 AutoCAD 应用工具绘制基础图形的能力。

本项目主要讲述 AutoCAD 绘图工具、修改工具在基础绘图中的综合操作。通过提供的基础样图案例，完成基础样图的绘制，使学习者熟练掌握绘图工具、修改工具设置、操作方法、绘制图样的应用方法，并熟练掌握工具的综合使用。

该项目任务一、二主要学习直线、多边形、圆形、矩形、椭圆、图案填充、移动、复制、偏移、旋转、修剪、延伸、阵列、线型设置等工具的操作和使用方法。任务三、四提供基础几何形图案案例，围绕熟练使用绘制工具展开学习。通过绘制基础图形巩固工具的具体使用方法，提升学习者熟练掌握 AutoCAD 绘制基础图形的能力。

任务一 绘图工具的应用

一、图形工具的应用

1. 直线

命令：LINE，快捷键【L】

◇ 工具栏　单击"绘图"工具栏上的【直线】按钮，在绘图区域空白处拉出一条直线——按【Enter】键或者【Space】键确认结束，如图 2-1 所示。

图 2-1　绘图工具栏直线按钮

◇ 命令行　命令栏中输入快捷键【L】——按【Enter】键或者【Space】键确认——在绘图区域空白处单击鼠标左键——拉出一条直线——在命令栏中输入具体数值——按【Enter】键或者【Space】键确认结束命令。

2. 多段线

命令：PLINE，快捷命令：PL

◇ 工具栏　单击"绘图"工具栏上的【多段线】按钮，在绘图区域空白处指定起点——指定另一个起点——按【Enter】键或者【Space】键确认结束，如图 2-2 所示。

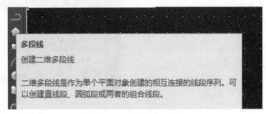

图 2-2　绘图工具栏多段线按钮

◇ 命令行　命令栏中输入快捷命令"PL"——指定起点——设置正交——直接输入下一点距离"600"——按【Enter】键确认（或输入长度"L"——按【Enter】键确认，输入"600"）——输入圆弧"A"——按【Enter】键确认——指定圆弧起点——指定圆弧终点距离"30"——按【Enter】键或者【Space】键确认结束，如图 2-3 所示。

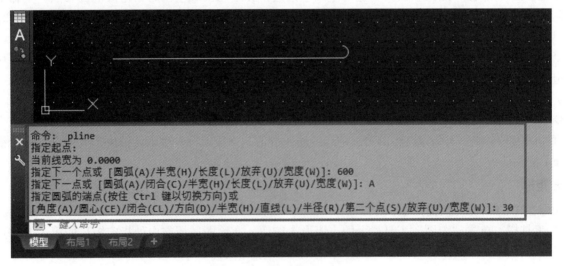

图 2-3　绘制一端带圆弧多段线

3. 正多边形

命令：POLYGON，快捷命令：POL

◇ 工具栏　单击"绘图"工具栏上的【正多边形】按钮或命令栏中输入边的数目——按【Enter】键或者【Space】键确认——在绘图页面空白处指定正多边形的中心点——输入内切圆"I"或外切圆"C"——按【Enter】键或者【Space】键确认——命令栏中输入圆的半径数值——按【Enter】键或者【Space】键确认结束，如图 2-4 所示。

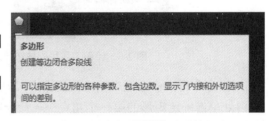

图 2-4　绘图工具栏多边形按钮

◇ 命令行　命令栏中输入快捷命令"POL"——按【Enter】键或者【Space】键确认——命令栏中输入边的数目"6"——按【Enter】键或者【Space】键确认——在视图空白处用鼠标确定中心点位置（确定边位置输入字母"E"）——输入内接圆"I"或外切于圆"C"——按【Enter】键或者【Space】键确认——指定圆的半径数值"800"——按【Enter】键或者【Space】键确认结束，如图 2-5 所示。

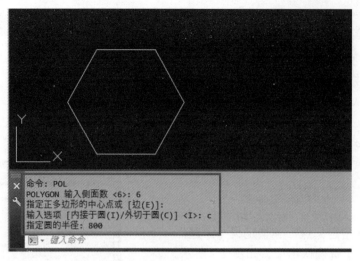

图 2-5　绘制半径为 800mm 的正六边形

4. 圆形

命令：CIRCLE，快捷键【C】

◇ 工具栏　单击"绘图"工具栏上的【圆】按钮，在绘图区域空白处指定圆的圆心点——命令栏中输入圆的半径或直径数值——按鼠标左键确认结束（或按【Enter】键或者【Space】键确认），如图 2-6 所示。

◇ 命令行　命令栏中输入快捷键【C】——按【Enter】键或者【Space】键确认——在绘图区域空白处指定圆的圆心——命令栏中输入圆的半径或直径——命令栏中输入数值——按鼠标左键确认结束（或按【Enter】键或者【Space】键确认）。

◇ 菜单栏　单击菜单【绘图】工具，下拉单击【圆】，单击【两点】绘圆按钮，在绘图区域空白处指定圆直径的第一个点——指定直径的第二个点或输入数值——按鼠标左键确认结束（或按【Enter】键或者【Space】键确认）。

5. 矩形

命令：RECTANG，快捷命令：REC

◇ 工具栏　单击"绘图"工具栏上的【矩形】按钮，在绘图区域空白处指定矩形的第一个角点——指定另一个角点——按鼠标左键确认结束（或按【Enter】键或者【Space】键确认），如图 2-7 所示。

图 2-6　绘图工具栏圆按钮

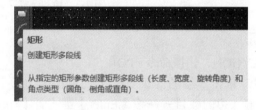

图 2-7　绘图工具栏矩形按钮

◇ 命令行　命令栏中输入快捷命令"REC"——按【Enter】键或者【Space】键确认——在绘图区域空白处单击确定矩形的第一个角点——命令栏中输入尺寸——按【Enter】键或者【Space】键确认——指定矩形的长度，命令栏中输入数值——按【Enter】键或者【Space】键确认——指定矩形的宽度，命令栏中输入数值——按鼠标左键确认结束（或按【Enter】键或者【Space】键确认）。

6. 圆弧

命令：ARC，快捷键【A】

◇ 工具栏　单击"绘图"工具栏上的【圆弧】按钮，在绘图区域空白处指定圆弧的起点——指定圆弧的第二个点——指定圆弧的端点——按鼠标左键确认结束（或按【Enter】键或者【Space】键确认），如

图 2-8 所示。

◇ 命令行　命令栏中输入快捷键【A】──→按【Enter】键或者【Space】键确认──→在绘图区域空白处指定圆弧的第一个点──→指定圆弧的第二个点──→指定圆弧的端点──→按鼠标左键确认结束（或按【Enter】键或者【Space】键确认），如图 2-9 所示。

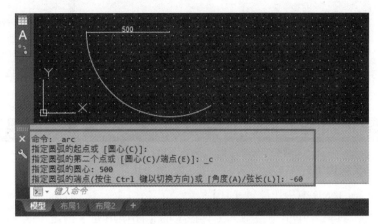

图 2-8　工具栏圆弧按钮

图 2-9　绘制半径 500mm 的圆弧

7. 椭圆

命令：ELLIPSE，快捷命令：ELL

◇ 工具栏　单击"绘图"工具栏上的【椭圆】按钮──→在绘图区域空白处指定轴端点"圆弧（A）或中心(C)"──→再指定轴的另一端点──→按鼠标左键确认──→指定另一条半轴长度或旋转（R）──→按鼠标左键确认结束（或按【Enter】键或者【Space】键确认），如图 2-10 所示。

◇ 命令行　命令栏中输入快捷命令"ELL"──→按【Enter】键或者【Space】键确认──→单击鼠标左键在空白处指定轴端点"圆弧（A）或中心(C)"──→再指定轴的另一端点──→按鼠标左键确认──→指定另一条半轴长度或旋转（R）──→按鼠标左键确认结束（或按【Enter】键或者【Space】键确认）。

◇ 菜单栏　单击菜单"绘图"工具，下拉单击"椭圆"，单击"圆心""轴、端点"创建按钮，单击鼠标左键在空白处指定端点──→再指定轴的另一端点──→按鼠标左键确认──→指定另一条半轴长度或旋转（R）──→按鼠标左键确认结束（或按【Enter】键或者【Space】键确认）。

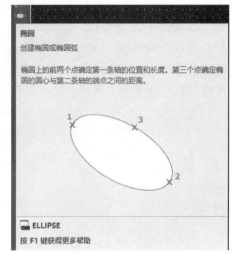

图 2-10　绘图工具栏圆按钮

8. 样条曲线

命令：SPLINE，快捷命令：SPL

单击"绘图"工具栏上的【样条曲线】按钮，如图 2-11；或在命令栏中输入快捷命令"SPL"，并按【Enter】键或者【Space】键确认，在绘图区域空白处指定样条曲线第一个点──→指定下一个点──→按【Enter】键或者【Space】键确认。

9. 修订云线

命令：REVCLOUD

单击"绘图"工具栏上的【修订云线】按钮，如图 2-12；或在命令栏输入"REVCLOUD"，并按【Enter】键或者【Space】键确认，在绘图区域空白处指定起点──→按鼠标左键确认结束（或按【Enter】键或者【Space】键确认）。

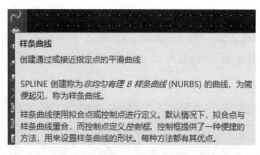

样条曲线

创建通过或接近指定点的平滑曲线

SPLINE 创建称为*非均匀有理 B 样条曲线*(NURBS) 的曲线，为简便起见，称为样条曲线。

样条曲线使用拟合点或控制点进行定义。默认情况下，拟合点与样条曲线重合，而控制点定义*控制框*。控制框提供了一种便捷的方法，用来设置样条曲线的形状。每种方法都有其优点。

图 2-11　绘图工具栏样条曲线按钮

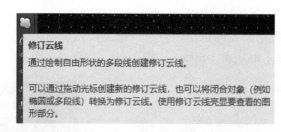

修订云线

通过绘制自由形状的多段线创建修订云线。

可以通过拖动光标创建新的修订云线，也可以将闭合对象（例如椭圆或多段线）转换为修订云线。使用修订云线亮显要查看的图形部分。

图 2-12　绘图工具栏修订云线按钮

二、辅助绘图工具的应用

1. 图案填充和渐变

命令：HATCH，快捷键【H】

◇ 工具栏　单击"绘图"工具栏上的【图案填充】按钮（图 2-13），弹出"图案填充和渐变色"对话框（图 2-14）——单击【添加：拾取点】按钮——在要进行填充的区域单击鼠标左键——按【Enter】键或者【Space】键确认——单击"图案"后的通道按钮或"样例"——选择需要的图案——输入比例或角度参数——单击【确定】按钮结束命令。

◇ 命令行　命令栏中输入快捷键【H】——按【Enter】键或者【Space】键确认——弹出"图案填充和渐变色"对话框——单击【添加：拾取点】按钮——在要进行填充的区域单击鼠标左键——按【Enter】键或者【Space】键确认——单击"图案"后的通道按钮或"样例"——选择需要的图案——输入比例或角度参数——单击【确定】按钮结束命令。

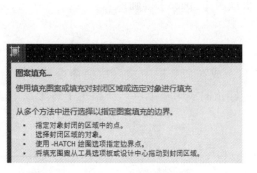

图案填充...

使用填充图案或填充对封闭区域或选定对象进行填充

从多个方法中进行选择以指定图案填充的边界。

- 指定对象封闭的区域中的点。
- 选择封闭区域的对象。
- 使用 -HATCH 绘图选项指定边界点。
- 将填充图案从工具选项板或设计中心拖动到封闭区域。

图 2-13　绘图工具栏图案填充按钮

图 2-14　"图案填充和渐变色"对话框

2. 写块

命令：WBLOCK，快捷键【W】

命令栏中输入快捷键【W】——按【Enter】键或者【Space】键确认——弹出"写块"对话框——单

击【选择对象】按钮—→选择创建块的对象—→按【Enter】键确认—→选择【拾取点】按钮—→选择创建块对象的基点位置—→按【Enter】键或者【Space】键确认结束命令，如图 2-15 所示。

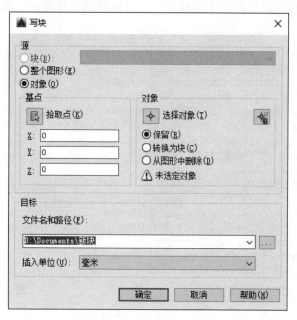

图 2-15 "写块"对话框

3. 创建块与块定义面板合一

命令：BLOCK，快捷键【B】

◇ 工具栏　单击"绘图"工具栏上的【创建块】按钮（图 2-16），弹出"块定义"对话框（图 2-17）—→单击【选择对象】按钮—→选择拾取创建对象—→按【Enter】键回到面板—→选择【拾取点】按钮—→选择创建块对象的基点位置—→按【Enter】键结束命令。

图 2-16 绘图工具栏创建块按钮

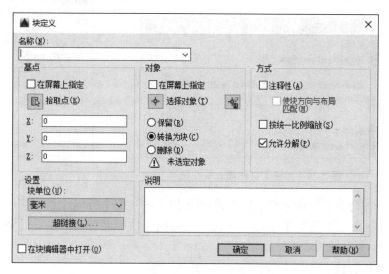

图 2-17 "块定义"对话框

◇ 命令行　命令栏中输入快捷键【B】—→按【Enter】键或者【Space】键确认—→弹出"块定义"对话框—→单击"选择对象"按钮—→选择拾取创建对象—→按【Enter】键回到面板—→选择【拾取点】按钮—→选择创建块对象的基点位置—→按【Enter】键结束命令。

4. 块属性定义

命令：ATTDEF，快捷命令：AT

给某个对象赋予一个属性值，并通过创建块或者写块命令使属性值和对象形成一个整体，这个属性值即为块的属性定义，如给标高符号赋予标高值属性后再创建块，即可得到不同标高值的标高，如图 2-18 所示。通过块的属性定义，在名称相同的块中，可实现不同属性值形态的块同时出现，可以实现块中出现两个不同的图层，可以保存构件的属性定义到硬盘下，以备后期反复使用，如图 2-19 所示。

图 2-18 "属性定义"对话框

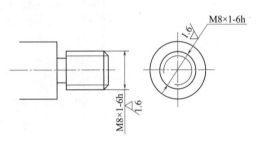

图 2-19 属性定义块示意图

5. 插入块

命令：INSERT，快捷键【I】

◇ 工具栏 单击"绘图"工具栏上的【插入块】按钮（图 2-20），弹出"插入"对话框（图 2-21）——单击【浏览】按钮——选择需要插入块的名称——单击【确定】——按【Enter】键或者【Space】键确认结束命令。

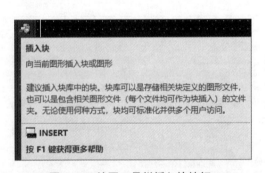

图 2-20 绘图工具栏插入块按钮

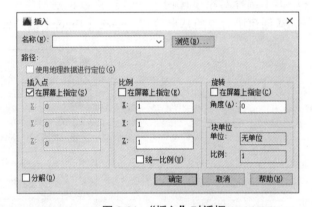

图 2-21 "插入"对话框

◇ 命令栏 命令栏中输入快捷键【I】——按【Enter】键或者【Space】键确认——弹出"插入块"话框——单击【浏览】按钮——选择需要插入块的名称——单击【确定】——按【Enter】键或者【Space】键确认结束命令。

6. 分解

命令：EXPLODE，快捷命令：XP

◇ 工具栏 单击"修改"工具栏上的【分解】按钮——选择合并对象——按【Enter】键或者【Space】键确认结束，如图 2-22 所示。

◇ 命令行 命令栏中输入快捷命令"XP"——按【Enter】键或者【Space】键确认——选择分解对象——按【Enter】键或者【Space】键确认——命令栏输入"E"选择分解——按【Enter】键或者【Space】键确认结束，如图 2-23 所示。

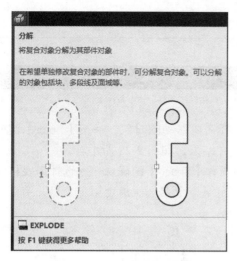

图 2-22　绘图工具栏分解按钮

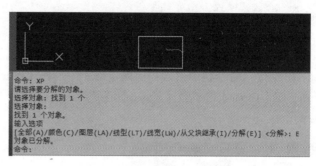

图 2-23　命令栏输入分解命令

7. 点

命令：REVCLOUD，快捷命令：PO

◇ 工具栏　单击"绘图"工具栏上的【绘制点】按钮，在绘图区域空白处指定起点——→按鼠标左键确认结束（或按【Enter】键或者【Space】键确认），如图 2-24 所示。

◇ 命令行　在命令栏输入命令"PO"——→按【Enter】键或者【Space】键确认——→在绘图区域空白处指定起点——→按鼠标左键确认结束（或按【Enter】键或者【Space】键确认）。

图 2-24　绘图工具栏点按钮

8. 点样式的设置

◇ 菜单栏　单击菜单栏【格式】，下拉单击【点样式】（图 2-25），弹出"点样式"对话框，可通过该对话框选择自己需要的点样式，在对话框中的"点大小"文本框中修改点大小，如图 2-26 所示。

9. 定数等分

命令：DIVIDE，快捷命令：DIV

◇ 菜单栏　单击菜单上的【绘图】——→【点】——→【定数等分】——→选择要定数等分的对象——→输入线段数目——→按【Enter】键或者【Space】键确认结束，如图 2-27 所示。

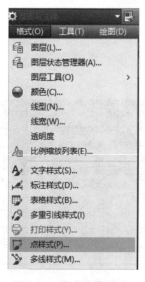

图 2-25　格式下点样式

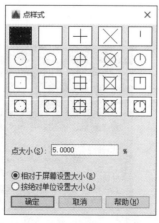

图 2-26　"点样式"对话框

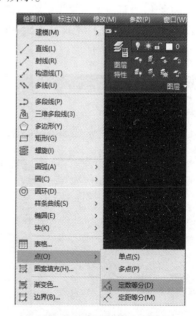

图 2-27　定数等分

任务二 修改工具的应用

一、移动

命令：MOVE，快捷键【M】

◇ 工具栏 单击"修改"工具栏上的【移动】按钮——选择需要移动的对象——按【Enter】键或者【Space】键确认——按鼠标左键指定第一个点——指定第二个点并结束，如图2-28所示。

◇ 命令行 命令栏中输入快捷键【M】——按【Enter】键或者【Space】键确认——选择需要移动的对象——按【Enter】键或者【Space】键确认——按鼠标左键指定第一个点——指定第二个点并结束。如图2-29所示。

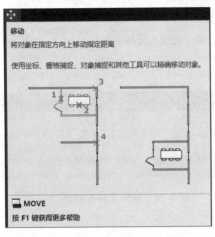

图 2-28 修改工具栏移动按钮

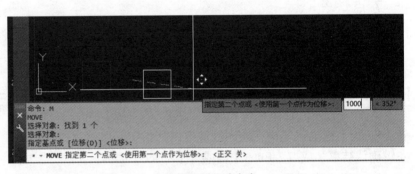

图 2-29 命令栏输入移动命令

二、复制

命令：COPY，快捷命令：CO

◇ 工具栏 单击"修改"工具栏上的【复制】按钮——选择需要复制的对象——按【Enter】键或者【Space】键确认——按鼠标左键指定基点移动对象并结束，如图2-30所示。

◇ 命令行 命令栏中输入快捷命令"CO"——按【Enter】键或者【Space】键确认——选择需要复制的对象——按【Enter】键或者【Space】键确认——按鼠标左键指定基点移动对象——移动鼠按左键可连续复制，如图2-31所示。

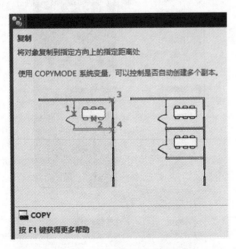

图 2-30 修改工具栏复制按钮

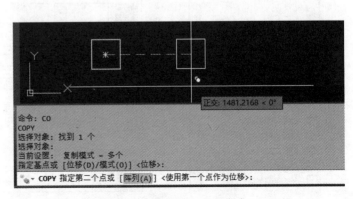

图 2-31 命令栏输入复制命令

三、偏移

命令：OFFSET，快捷键【O】

◇ 工具栏　单击"修改"工具栏上的【偏移】按钮——指定偏移距离——拾取需要偏移的对象——指定需要偏移的那一侧按鼠标左键——按【Enter】键或者【Space】键确认，如图2-32所示。

◇ 命令行　命令栏中输入快捷键【O】——按【Enter】键或者【Space】键确认——指定偏移距离——拾取需要偏移的对象——指定需要偏移的那一侧按鼠标左键——按【Enter】键或者【Space】键确认，如图2-33所示。

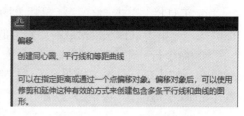

图 2-32　修改工具栏偏移按钮

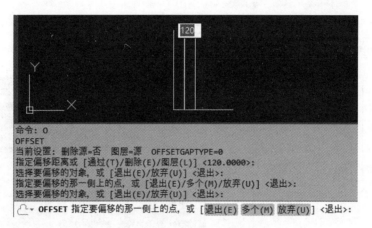

图 2-33　命令栏输入偏移命令

四、旋转

命令：ROTATE，快捷命令：RO

◇ 工具栏　单击"修改"工具栏上的【旋转】按钮——单击鼠标左键选择对象——按【Enter】键或者【Space】键确认——指定旋转基点——指定旋转角度——按【Enter】键或者【Space】键确认，如图2-34所示。

◇ 命令行　命令栏中输入快捷命令"RO"——按【Enter】键或者【Space】键确认——单击鼠标左键选择对象——按【Enter】键或者【Space】键确认——指定旋转基点——指定旋转角度——按【Enter】键或者【Space】键确认，如图2-35所示。

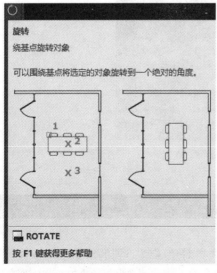

图 2-34　修改工具栏旋转按钮

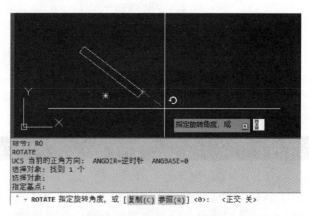

图 2-35　命令栏输入旋转命令

五、修剪

命令：TRIM，快捷命令：TR

◇ 工具栏　单击"修改"工具栏上的【修剪】按钮——选择要修剪的对象——按【Enter】键或者【Space】键确认——单击鼠标左键拾取需要修剪的对象——按【Enter】键或者【Space】键确认，如图 2-36 所示。

◇ 命令行　命令栏中输入快捷命令"TR"——按【Enter】键或者【Space】键确认——选择要修剪的对象——按【Enter】键或者【Space】键确认——单击鼠标左键拾取需要修剪的对象——按【Enter】键或者【Space】键确认。如图 2-37 所示。

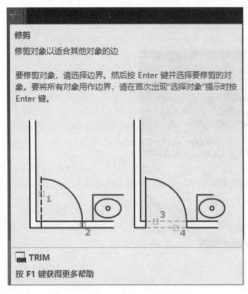

图 2-36　修改工具栏修剪按钮

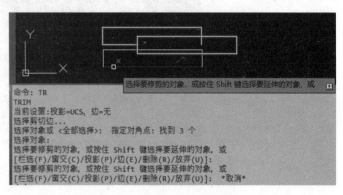

图 2-37　命令栏输入修剪命令

◇ 命令行　一次性修剪命令，可以一次性修剪连续目标。命令栏中输入快捷键命令"TR"——按【Enter】键或者【Space】键确认——选择要修剪的对象——按【Enter】键或者【Space】键确认——命令栏输入选字母"F"——按【Enter】键或者【Space】键确认——单击鼠标左键选定第一点——指定选第二个点——虚线连接多根修剪对象——按【Enter】键或者【Space】键确认，如图 2-38 所示。

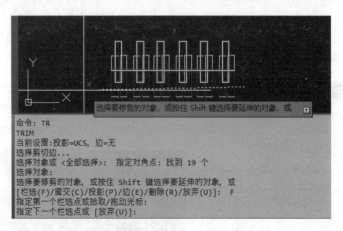

图 2-38　命令栏一次性修剪

六、延伸

命令：EXTEND，快捷命令：EX

◇ 工具栏　单击"修改"工具栏上的【延伸】按钮——选择对象（延伸到的对象）——按【Enter】键或者【Space】键确认——单击鼠标左键拾取要延伸的对象——按【Enter】键或者【Space】键确认，如

图 2-39 所示。

◇ 命令行 命令栏中输入快捷命令 "EX" —→按【Enter】键或者【Space】键确认—→选择对象（延伸到的对象）—→按【Enter】键或者【Space】键确认—→单击鼠标左键拾取要延伸的对象—→按【Enter】键或者【Space】键确认，如图 2-40 所示。

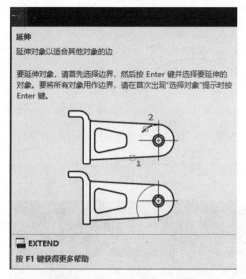

图 2-39 修改工具栏延伸按钮

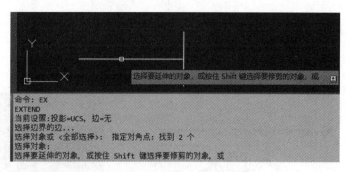

图 2-40 命令栏输入延伸命令

◇ 命令行 一次性延伸命令，可以一次性延伸连续目标。命令栏中输入快捷命令 "EX" —→按【Enter】键或者【Space】键确认—→选择对象（延伸到的对象）—→按【Enter】键或者【Space】键确认—→命令栏输入字母 "F" —→按【Enter】键或者【Space】键确认—→单击鼠标左键指定第一点—→指定选第二个点—→虚线连接多延伸对象—→按【Enter】键或者【Space】键确认。如图 2-41 所示。

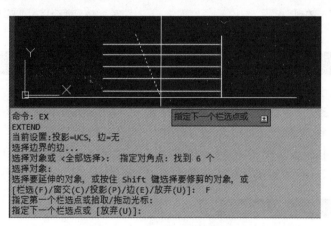

图 2-41 命令栏一次性延伸

七、阵列

命令：ARRAY，快捷命令：AR

◇ 工具栏 单击"修改"工具栏上的【阵列】按钮—→选择对象—→按【Enter】键或者【Space】键确认—→选择矩形阵列、路径阵列或环形阵列—→指定偏移距离或指定中心点、项目数、角度—→单击【确定】按钮。如图 2-42 ～图 2-44 所示。

◇ 命令行 命令栏中输入快捷命令 "AR" —→按【Enter】键或者【Space】键确认—→选择对象—→按【Enter】键或者【Space】键确认—→选择矩形阵列或环形阵列—→指定偏移距离或指定中心点、项目数、角度—→单击"确定"按钮，如图 2-45 所示。

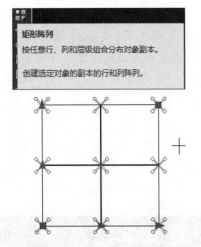

图 2-42　修改工具栏矩形阵列

图 2-43　修改工具栏路径阵列

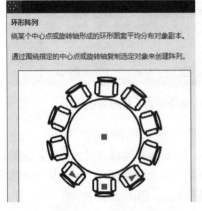

图 2-44　修改工具栏圆形阵列

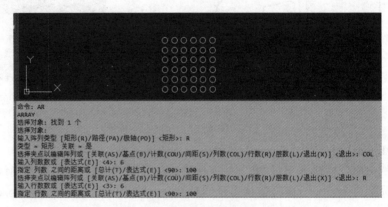

图 2-45　命令栏输入阵列命令

八、删除

命令：ERASE，快捷键【E】

◇ 工具栏　单击"修改"工具栏上的【删除】按钮——按【Enter】键或者【Space】键确认——选择删除对象——按【Enter】键或者【Space】键确认结束，如图 2-46 所示。

◇ 命令行　命令栏中输入快捷键【E】——按【Enter】键或者【Space】键确认——选择删除对象——按【Enter】键或者【Space】键确认结束，如图 2-47 所示。

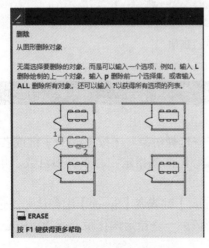

图 2-46　修改工具栏删除按钮

图 2-47　命令栏输入删除命令

九、镜像

命令：MIRROR，快捷命令：MI

◇ 工具栏　单击"修改"工具栏上的【镜像】按钮——→选择需要镜像的对象——→按【Enter】键或者【Space】键确认——→单击鼠标左键指定"镜像"第一点——→单击鼠标左键指定"镜像"第二点——→按【Enter】键或者【Space】键确认，如图 2-48 所示。

◇ 命令行　命令栏中输入快捷命令"MI"——→按【Enter】键或者【Space】键确认——→选择需要镜像的对象——→按【Enter】键或者【Space】键确认——→单击鼠标左键指定"镜像"第一点——→单击鼠标左键指定"镜像"第二点——→按【Enter】键或者【Space】键确认，如图 2-49 所示。

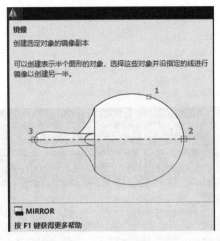

图 2-48　修改工具栏镜像按钮

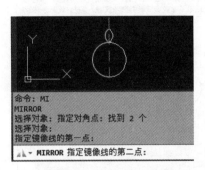

图 2-49　命令栏输入镜像命令

十、缩放

命令：SCALE，快捷命令：SC

◇ 工具栏　单击"修改"工具栏上的【缩放】按钮——→单击选择需要缩放的对象——→按【Enter】键或者【Space】键确认——→单击鼠标左键指定缩放的基点——→输入缩放的比例数值——→按【Enter】键或者【Space】键确认结束，如图 2-50 所示。

◇ 命令行　命令栏中输入快捷命令"SC"——→按【Enter】键或者【Space】键确认——→选择需要缩放的对象——→按【Enter】键或者【Space】键确认——→单击鼠标左键指定缩放的基点——→输入缩放的比例数值——→按【Enter】键或者【Space】键确认结束。如图 2-51 所示。

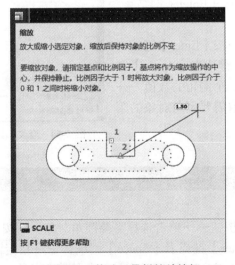

图 2-50　修改工具栏缩放按钮

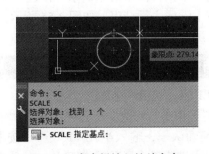

图 2-51　命令栏输入缩放命令

十一、拉伸

命令：STRETCH，快捷命令：S

◇ 工具栏　单击"修改"工具栏上的【拉伸】按钮——单击选择拉伸对象的一端——按【Enter】键或者【Space】键确认——按住鼠标左键指定拉伸的位置点——释放鼠标左键完成拉伸——按【Enter】键结束，如图 2-52 所示。

◇ 命令行　命令栏中输入快捷命令"S"——按【Enter】键或者【Space】键确认——单击选择拉伸对象的一端——按【Enter】键或者【Space】键确认——按住鼠标左键指定拉伸的位置点——释放鼠标左键完成拉伸——按【Enter】键结束，如图 2-53 所示。

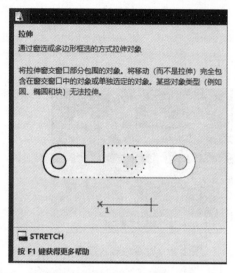

图 2-52　修改工具栏拉伸按钮

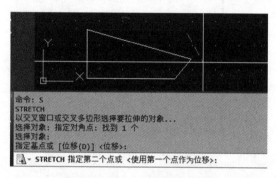

图 2-53　命令栏输入拉伸命令

十二、倒角

命令：CHAMFER，快捷命令：CHA

◇ 工具栏　单击"修改"工具栏上的【倒角】按钮——单击选择需要倒角对象——按【Enter】键或者【Space】键确认——命令栏输入距离"D"——按【Enter】键或者【Space】键确认——命令栏输入第一个倒角的数值——输入第二个倒角的数值——单击鼠标左键拾取需要倒角对象的第一条边——拾取需要倒角对象的第二条边——按【Enter】键结束，如图 2-54 所示。

◇ 命令行　命令栏中输入快捷命令"CHA"——按【Enter】键或者【Space】键确认——输入距离"D"——按【Enter】键或者【Space】键确认——命令栏输入第一个倒角的数值——输入第二个倒角的数值——单击鼠标左键拾取需要倒角对象的第一条边——拾取需要倒角对象的第二条边——按【Enter】键结束，如图 2-55 所示。

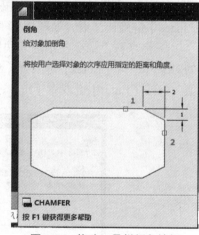

图 2-54　修改工具栏倒角按钮

十三、圆角

命令：FILLET，快捷键【F】

◇ 工具栏　单击"修改"工具栏上的【倒角】按钮——单击选择需要圆角对象——按【Enter】键或者【Space】键确认——输入半径"R"——按【Enter】键或者【Space】键确认——指定圆角半径数值——按【Enter】键或者【Space】键确认——单击鼠标左键拾取需要圆角对象的第一条边——拾取需要圆

角对象的第二条边──→按【Enter】键结束，如图 2-56 所示。

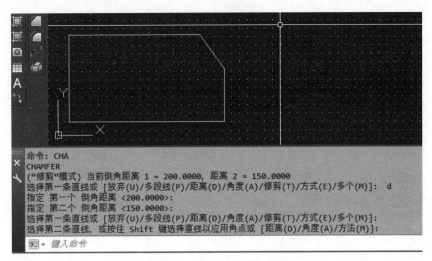

图 2-55　命令栏输入倒角命令

　　◇ 命令行　命令栏中输入快捷键"F"──→按【Enter】键或者【Space】键确认──→输入半径"R"──→按【Enter】键或者【Space】键确认──→按【Enter】键或者【Space】键确认──→点击需要圆角对象的第一条边──→拾取需要指定圆角半径数值对象的第二条边──→按【Enter】键结束，如图 2-57 所示。

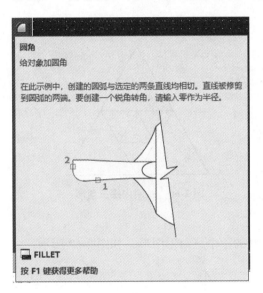

图 2-56　修改工具栏圆角按钮

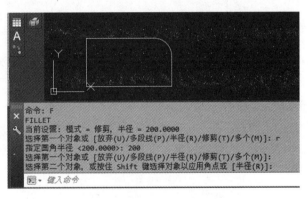

图 2-57　命令栏输入圆角命令

任务三　基础绘图实践应用一

一、三角形加圆图形绘制

1. 完成样图绘制

　　创建外接圆半径为 50mm 的正三角形。使用捕捉中点的方法在其内部绘制另外两个相互内接的三角形，绘制大三角形的三条中线。

　　使用复制命令向大三角形下方复制一个已经绘制完成的整个三角形图形，使用阵列命令旋转复制三角形图形。绘制圆形，并使用修剪命令修剪图形，完成作图，三角形加圆图形样图如图 2-58 所示。

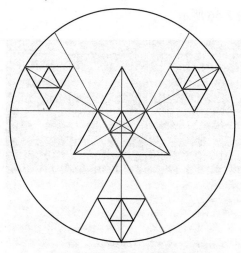

2.1　三角形加圆图形绘制

图 2-58　三角形加圆图形样图

2. 操作步骤

（1）绘制外接圆半径为 50mm 的正三角形，如图 2-59 所示。

（2）使用捕捉中点的方法在其内部绘制另外两个相互内接的三角形，如图 2-60 所示。

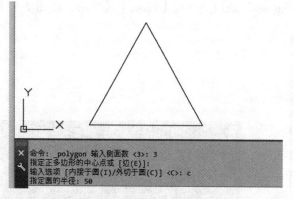

```
命令:_polygon 输入侧面数 <3>: 3
指定正多边形的中心点或 [边(E)]:
输入选项 [内接于圆(I)/外切于圆(C)] <C>: c
指定圆的半径: 50
```

图 2-59　创建正三角形

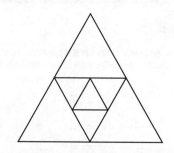

图 2-60　绘制内接三角形

（3）绘制大正三角形的三条垂直中线，如图 2-61 所示。

（4）使用复制命令向大正三角形下方复制一个已经绘制好的整个三角形图形，如图 2-62 所示。

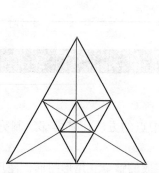

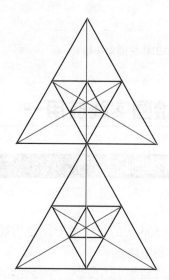

图 2-61　绘制大正三角形中线　　　　图 2-62　复制三角形图形

（5）使用阵列命令旋转复制三角形图形，如图 2-63 所示。

（6）以中间等边三角形三条中线相交点为圆心，以外三角形底边上垂直中线相交点为半径，绘制圆形，如图 2-64 所示。

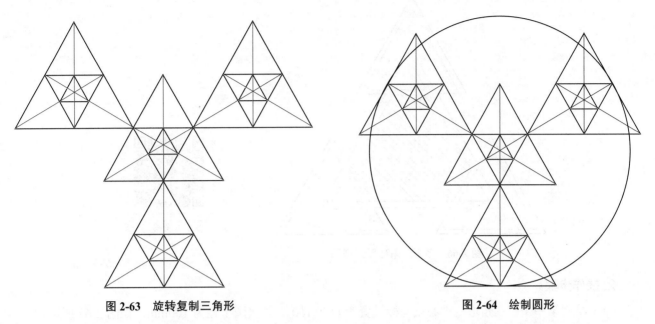

图 2-63　旋转复制三角形　　　　　　　　　　图 2-64　绘制圆形

（7）用修剪命令修剪三角形与圆形相交的线，删除多余的线，完成图形绘制，如图 2-65 所示。

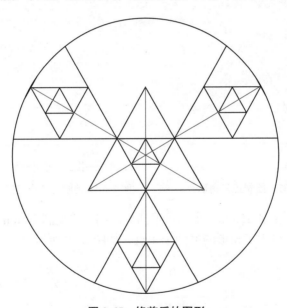

图 2-65　修剪后的图形

二、多个三角形图形绘制

1. 完成样图绘制

绘制两个正三角形，第一个正三角形的中心点坐标设置为 (190,160)，外接圆半径为 100mm。另一个正三角形的中心点为第一个三角形的任意一个角点，其外接圆半径为 70mm。

将大三角形向其外侧偏移复制，将小三角形向其内侧偏移复制，其偏移距离适当即可，复制两个小三角形到大三角形的另两个角点。

使用修剪命令将图形中多余的部分修剪掉，再使用图案填充命令填充内多边形图形。调整图形的线宽（线宽为 0.30mm），多个三角形图形样图如图 2-66 所示。

2.2　多个三角形图形绘制

图 2-66　多个三角形图形样图

2. 操作步骤

（1）绘制第一个正三角形，中心点坐标设置为 (190,160)，外接圆半径为 100mm，如图 2-67 所示。

（2）绘第二个正三角形，中心点为第一个三角形的任意一个角点，其外接圆半径为 70mm，如图 2-68 所示。

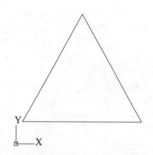

图 2-67　绘制正三角形

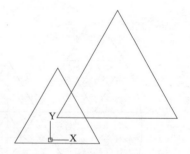

图 2-68　绘制第二个正三角形

（3）大三角形向外侧偏移复制 15mm，小三角形向其内侧偏移复制 10mm。如图 2-69 所示。

（4）复制两个小三角形，到大三角形的另两个角点，如图 2-70 所示。

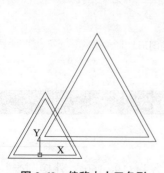

图 2-69　偏移大小三角形

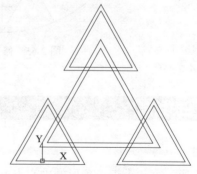

图 2-70　复制三角形

（5）修剪大三角形与小三角形相交的线，如图 2-71 所示。

（6）使用图案填充，选择"LINE"图案，填充角度为 45°，填充比例为 4，如图 2-72 所示。

（7）设置图形外边线宽 (线宽为 0.30mm)，如图 2-73 所示。

图 2-71　修剪相交线

图 2-72　图案填充

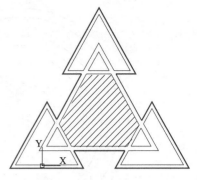

图 2-73　设置外边线宽并显示

任务四　基础绘图实践应用二

一、锯齿图形绘制

1. 完成样图绘制

绘制 6 个半径分别为 120mm、110mm、90mm、80mm、70mm、40mm 的同心圆。绘制一条一个端点为圆心，另一个端点在最外圈圆上的垂线，并以该直线与半径为 80mm 的圆的交点为圆心绘制一个半径为 10mm 的小圆。

使用阵列命令旋转复制垂线，数量为 20。绘制直线 a，并使用阵列命令阵列复制该数量为 20，复制小圆数量为 10。

删除半径分别为 120mm、110mm、80mm 的圆形。使用修剪命令修剪图形中多余的部分。使用图案填充命令填充图形，完成作图，锯齿图形样图如图 2-74 所示。

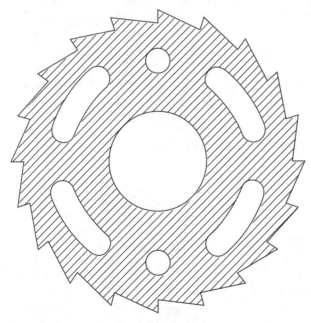

图 2-74　锯齿图形样图

2.3　锯齿图形绘制

2. 操作步骤

（1）绘制 6 个半径分别为 120mm、110mm、90mm、80mm、70mm、40mm 的同心圆，如图 2-75 所示。

（2）绘制一条一个端点为圆心，另一个端点在大圆上的垂线，如图 2-76 所示。

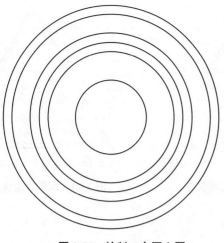

图 2-75　绘制 6 个同心圆

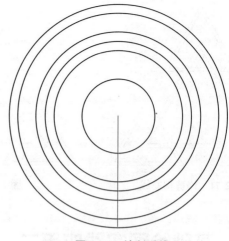

图 2-76　绘制垂线

（3）以该直线与半径为 80mm 的圆的交点为圆心绘制一个半径为 10mm 的小圆，如图 2-77 所示。

（4）使用阵列命令旋转复制垂线，数量为 20，如图 2-78 所示。

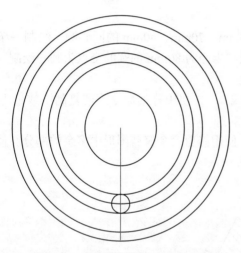

图 2-77　绘制半径为 10mm 的小圆

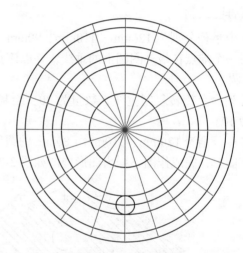

图 2-78　旋转复制垂线

（5）绘制直线 a，使用阵列命令旋转复制数量为 20，如图 2-79 所示。

（6）使用阵列命令旋转复制小圆，数量为 10，如图 2-80 所示。

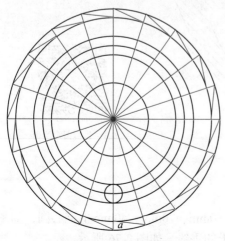

图 2-79　旋转复制直线 a

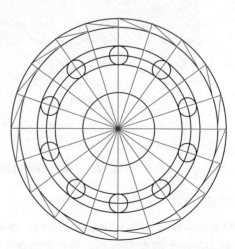

图 2-80　旋转复制小圆

（7）删除半径分别为 120mm、110mm、80mm 的圆形，完成后如图 2-81 所示。

（8）按照样图，使用修剪命令修剪图形中多余的部分，如图 2-82 所示。

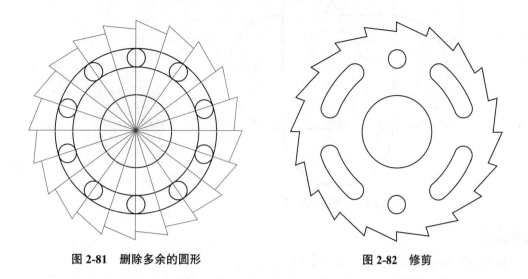

图 2-81　删除多余的圆形　　　　　　　　　　　图 2-82　修剪

（9）用图案填充，选择"LINE"图案，填充角度 45°，填充比例为 2，如图 2-83 所示。

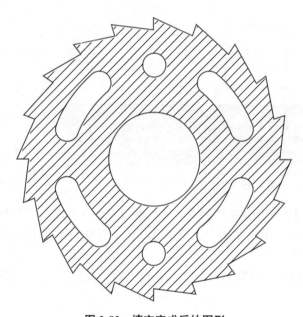

图 2-83　填充完成后的图形

二、麻花图形绘制

1. 完成样图绘制

麻花图形绘制，样图如图 2-84 所示。首先绘制边长为 30mm 的正方形。使用阵列命令或复制矩形 4 个，分解其中任意一个矩形。使用定数等分的方法等分正方形外侧任意一条边，设置等分数目为"4"。在格式下拉菜单中，打开点的样式，设置点的样式为"×"。

以两矩形边的中心点为圆心，以边上显示的"×"点为半径，绘制 4 个圆。用修剪命令修剪掉与圆相交靠矩形一侧的圆线。下拉格式菜单，设置不显示点的样式。镜像或阵列修剪完成的半圆，用直线连接对称各半圆的端点。使用修剪命令修剪多余的直线。双击图形外轮廓线，设置线宽（线宽为 0.40mm）。

2.4 麻花图形绘制

图 2-84 麻花图形样图

2.操作步骤

（1）绘制边长为 30mm 的正方形，如图 2-85 所示。

（2）使用阵列命令旋转复制矩形，或镜像命令复制矩形，用分解命令分解任意一个矩形，如图 2-86 所示。

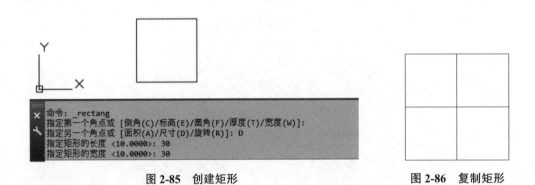

图 2-85 创建矩形

图 2-86 复制矩形

（3）单击菜单栏【绘图】，下拉菜单找到【点】，弹出的面板上单击"定数等分"，拾取图形中小矩形的一边，输入线段数目为"4"。单击菜单栏【格式】，下拉菜单中，单击【点样式】，弹出面板中，选择点样式设为"×"，如图 2-87 所示。

（4）以左边两个矩形边的中心点为圆心，以边上的"×"点为半径，绘制圆形，如图 2-88 所示。

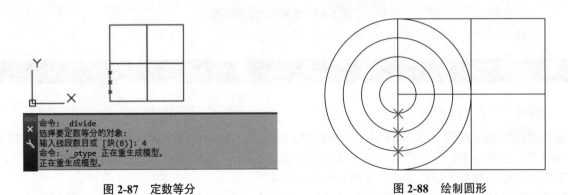

图 2-87 定数等分

图 2-88 绘制圆形

（5）修剪成半圆弧，单击菜单栏【格式】，下拉菜单中，单击"点样式"，弹出"点样式"对话框，在该页面中，点击【确定】按钮，完成后勾选不显示点，如图 2-89 所示。

（6）选择整个半圆弧图案，阵列旋转半圆弧图案，如图 2-90 所示。

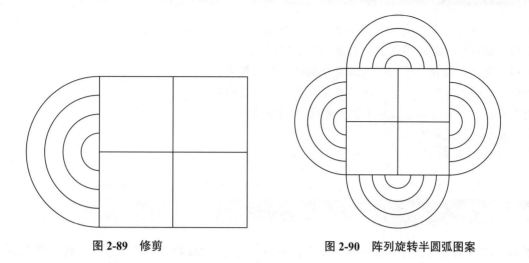

图 2-89　修剪　　　　　　　　　图 2-90　阵列旋转半圆弧图案

（7）打开对象捕捉，使用直线命令连接相对各圆弧的端点，如图 2-91 所示。
（8）使用修剪命令修剪掉多余的线，如图 2-92所示。

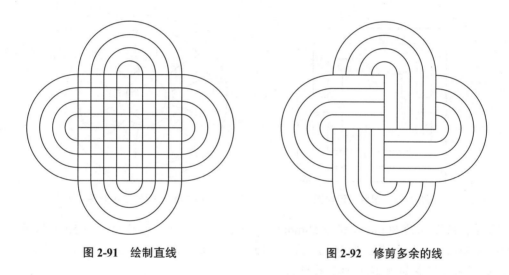

图 2-91　绘制直线　　　　　　　　图 2-92　修剪多余的线

（9）可以用设置图层的方法调整线宽；另单击特性工具栏，单击线宽控制，将线宽设置为 0.40mm，完成绘制，如图 2-93 所示。

图 2-93　完成图形绘制

1. 多边形、直线、多段线绘图工具分别是如何应用的？
2. 圆形、矩形、椭圆绘图工具分别是如何应用的？
3. 偏移、复制、旋转、阵列修改工具分别是如何应用的？
4. 修剪、延伸、分解、镜像修改工具分别是如何应用的？
5. 图案填充、等数等分、点样式工分别是如何应用的？
6. 虚线是如何设置的？
7. 线型是如何设置的？

 实操题

1. 根据所学，绘制边长为 50mm 的正方形，偏移距离为 5mm 的 3 个正方形，完成如图 2-94 所示的图形一。

2. 根据所学，绘制同心圆，半径分别为 15mm、20mm、50mm、60mm；以最小圆和最大圆距离绘制椭圆，旋转或阵列 6 个椭圆，完成如图 2-95 所示的图形二。

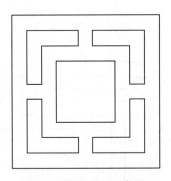

图 2-94　图形一示意图

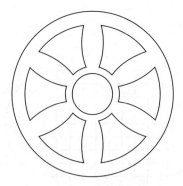

图 2-95　图形二示意图

3. 根据所学，绘制长为 80mm，宽为 50mm 的一个长方形，以及偏移距离为 5mm 的另一个长方形，以长方形中心点为圆心，绘制直径为 50mm 的一个圆形，以及偏移距离为 5mm 的另一个圆形，对内长方形设置 5mm 的圆角，完成如图 2-96 所示图形三。

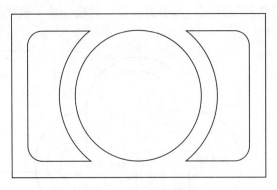

图 2-96　图形三示意图

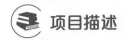 项目描述

本项目以投影的基本知识、绘制建筑图的工具、墙体绘制作为初级绘图项目，以学习顺序先学投影知识、投影体系形成来了解工程图形成的由来；其次围绕绘制工程图常用的工具展开深入学习；最后将投影的基本知识及绘制建筑图工具的应用贯通到墙体工程图的绘制中。

 学习目标

掌握投影体系建立与各工程图形成的关系，掌握图形界限、设置图层、轴线设置、建筑多线、尺寸标注、文本等实践应用方法，掌握建筑墙体平面图的绘制方法。

 工作任务

采用计算机操作实例演示绘制建筑常用工具的使用方法，通过建筑墙体平面图案例上机操作来掌握初级绘图实践应用技能。

本项目主要讲述运用 AutoCAD 绘制初级建筑图的方法和步骤，同时要求掌握图形界限设置方法、图层编辑器、线型编辑器、建筑多线设置与应用、样式编辑器、尺寸标注绘制、文本编辑器等工具在绘图中的实践应用。要求依据样图案例完成 AutoCAD 建筑初级图的实践操作绘制，从而掌握建筑绘图的方法和步骤：图形界限设置——→创建图层——→轴线绘制——→墙体线设置——→绘制墙体线——→尺寸标注绘制——→文字标识绘制。

建筑墙体平面样图绘制要求学习者识读简单的建筑平面图，掌握建筑墙体平面图的绘制方法，通过该案例的绘制掌握 AutoCAD 建筑绘图的设置方法，认识建筑墙体、门窗等在 AutoCAD 绘图中的修剪，熟悉图形界限设置、图层编辑、多线设置、样式编辑器、线型设置、尺寸标注设置、文本编辑的实践应用，掌握绘图工具、修改工具的综合实践应用。

任务一 投影认识

建筑工程施工图是用相应的投影方法绘制而成的投影图。工程中用得最多的是正投影图，而在表达建筑物及其构配件造型以及其效果时采用轴测图和透视图。本任务主要介绍投影的规律、投影的形成及投影的分类。

在日常生活中，我们看到物体在灯光或阳光照射下，会在墙面或地面上产生影子，这种现象就是自然界的投影现象，如图3-1、图3-2所示。人们从这一现象中认识到光线、物体、影子之间的关系，归纳出表达物体形状、大小的投影原理和作图方法。

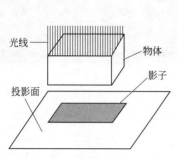

图3-1　光、物体、影子的关系

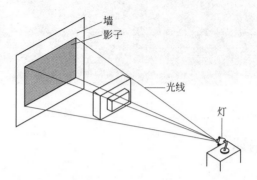

图3-2　投影示意图

（一）投影、投影法及投影图的概念

自然界物体的投影与工程制图上反映的投影是有区别的，后者一般是外部轮廓线较清晰，同时还能反映内部轮廓及形状，这样才能清晰表达工程物体形状大小的要求。

在制图上，通常把发出光线的光源称为投影中心；把光线称为投影线；把光线射向称为投影方向；将落影的平面称为投影面；构成影子的内外轮廓称为投影。用投影表达物体的形状和大小的方法称为投影法；用投影法画出物体的图形称为投影图，习惯上也将投影物体称为形体。投影的形成如图3-3所示。

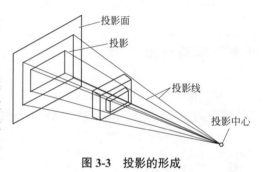

图3-3　投影的形成

（二）投影的分类

投影是研究投影线、空间形体、投影面三者关系的。投影分为两大类：中心投影法和平行投影法。

1. 中心投影法

中心投影法是投线汇交于投影中心的投影法，如图3-4所示，中心投影法不能正确地反映出物体的尺寸大小。

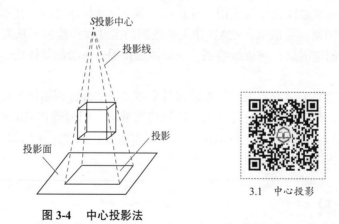

图3-4　中心投影法

3.1　中心投影

2. 平行投影法

当投影中心离开物体无限远时，投影线可看作是相互平行的。投影线为相互平行的投影方法，称为平行投影法。

平行投影法有以下两种：

（1）**正投影法**　是指投影线相互平行且垂直于投影面的投影方法，又叫作直角投影法，如图3-5所示。用正投影法画出的物体图形，称为正投影图。

（2）**斜投影法**　是指投影线相互平行，但倾斜于投影面的投影方法，如图3-6所示。这种投影方法，一般在绘制轴测图时应用。

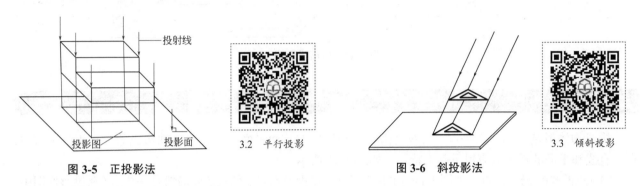

图 3-5　正投影法

3.2　平行投影

图 3-6　斜投影法

3.3　倾斜投影

（三）各种投影法在建筑工程中的应用

1. 透视投影图

透视投影图是运用中心投影的原理，绘制出物体在一个投影面上的中心投影，简称透视图。这种图形象逼真，且符合人们的视觉习惯。但绘制复杂，且不能在投影图中度量和标注形体的尺寸，所以不能作为施工的依据。在建筑设计中常用透视图来反映建筑物建成后的外貌，如图3-7所示。

2. 轴测投影图

轴测投影图是运用平行投影的原理，将物体平行投影到一个投影面上所作出的投影图，简称轴测图。如图3-8所示。

轴测图的特点是作图较透视图简便，容易看懂，但立体感不如透视图，且其度量性差，工程中常用作辅助图样。

3. 正投影图

正投影图是运用正投影法将形体向两个或两个以上的互相垂直的投影面进行投影，然后按照一定规则展开在一个平面上所得到的投影图，称为正投影图。正投影图的特点是作图较上述方法简便，能准确地反映物体的形状和大小，便于度量和标注尺寸。缺点是立体感差，不易看懂，如图3-9所示。正投影图是工程上最主要的图样。

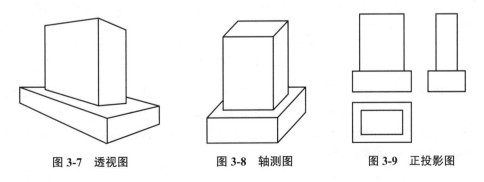

图 3-7　透视图

图 3-8　轴测图

图 3-9　正投影图

4. 标高投影图

标高投影图是标有高度数值的水平正投影图。它是运用正投影原理来反映物体的长度和宽度，其高度用数字来标注，如图3-10所示。工程中常用这种图示来表示地面的起伏变化、地形、地貌等。作图时常用一组假设的间隔相等而高程不同的水平剖切平面剖切地物，其交线反映在投影图上称为等高线。将不同高度的等高线自上而下投影在水平投影面上时，即得到了等高线图，称为标高投影图。

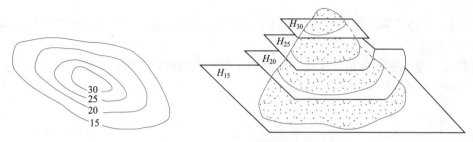

图 3-10　标高投影图

二、投影的分析

构成物体最基本的元素是点，直线是由点移动形成的，而平面是由直线移动形成的。在正投影法中，点、直线和平面的投影具有以下基本特性，如图 3-11 所示。

（1）点的投影仍然是点，如图 3-11（a）中空间点 A 在投影面 P 上的投影 a 仍然是一个点（在投影作图中，规定空间的点用大写字母表示，其投影用其小写字母表示）。位于同一投影线上的各点其投影重合于一点（规定把同一投影线上，重叠的点的投影加上括号）。如图 3-11 中空间点 A、B、C 在投影面 P 上的投影为 a（b、c）。

（2）垂直于投影面的直线，其投影积聚为一个点，如图 3-11（b）中直线 DE 的投影 d（e），这种特性叫作积聚性。

（3）平行于投影面的直线，其投影仍为一条直线，且投影与空间直线的长度相等，即投影反映空间直线的实长。如图 3-11（c）中直线 FG 的投影 fg。

（4）倾斜于投影面的直线，其投影也为一直线，但投影长度比空间直线短，即投影不反映空间直线的实长，如图 3-11（d）中直线 HJ 的投影 hj。

（5）垂直于投影面的平面图形，其投影积聚为一条直线，如图 3-11（e）中平面形 ABDC 的投影 a（c）b（d）。

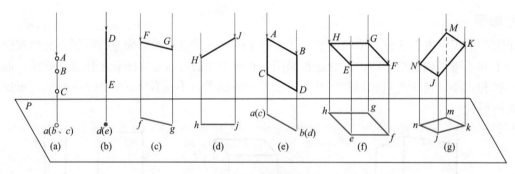

图 3-11　投影特性

（6）平行于投影面的平面图形，其投影仍为一个平面图形，且投影与空间平面的形状和大小一致，即投影反映空间平面的实形，如图 3-11（f）中平面图形 EFGH 的投影 efgh。

（7）倾斜于投影面的平面图形，其投影也为一个平面图形，但投影不反映空间平面图形的实形，如图 3-11（g）中平面图形 JKMN 的投影 jkmn。

三、投影的形成

1. 三面投影体系的建立

如图 3-12（a）中 6 个不同形状的物体以及图 3-12（b）中 6 个不同形状的物体，它们在同一个投影面上的投影都是相同的。因此，在正投影法中，物体的一个投影一般是不能反映空间物体形状的。

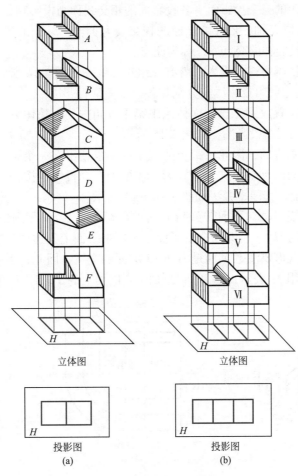

图 3-12　不同形体的单面投影

　　那么需要几个投影才能确定空间物体的形状呢？一般来说，用三个相互垂直的平面作投影面，物体在这三个投影面上的三个投影，才能比较充分地表示出这个物体的空间形状。这三个相互垂直的投影面，称为三面投影体系。这三个投影面将空间分为八个部分，称为八个分角（象限），分别称为Ⅰ、Ⅱ、Ⅲ……Ⅷ分角。我国和有些国家采用第Ⅰ分角投影来绘制工程图样，称为第Ⅰ角法，也有一些国家采用第Ⅲ分角投影绘制工程图样，称为第Ⅲ角法。如图 3-13 所示。

　　（1）图 3-14 中水平方向的投影面称为水平投影面，用字母 H 表示，也可以称为 H 面。

　　（2）与水平投影面垂直相交的正立方向的投影面称为正立投影面，用字母 V 表示，也可以称为 V 面。

　　（3）与水平投影面及正立投影面同时垂直相交的投影面称为侧立投影面，用字母 W 表示，也可以称为 W 面。

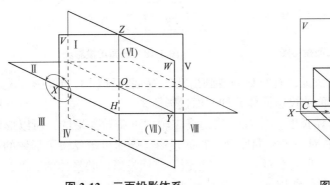

图 3-13　三面投影体系

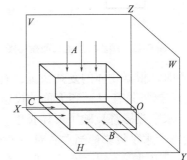

图 3-14　三个投影面

2.三面投影体系的展平

如图3-15所示，为第Ⅰ角的三个投影面。各投影面的相交线称为投影轴，其中V面和H面的相交线称作X轴；W面和H面的相交线为Y轴；V面和W面的相交线称作Z轴。三个投影轴的交点O，称为原点。

在三面投影体系中，作物体的三个投影，就有三组投影线，如图3-14所示，A、B及C三组投影线组，各组投影线应分别与各投影面垂直。

将一个踏步模型按水平位置放到三投影面体系中第Ⅰ分角内，把物体分别投影到三个投影面上，得到三个投影图，如图3-15所示。

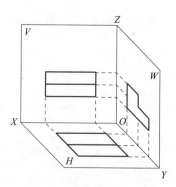

图3-15　踏步模型的三面投影

由于三个投影面是相互垂直的，因此，踏步的三个投影也就不在一个平面上。为了能在一张图纸上同时反映出这三个投影，需要把三个投影面按一定规则回转展平在一个平面上，其展平方法如图3-16（a）所示。

按规定V面不动，H面绕X轴向下回转到与V面重合到同面上，W面则绕Z轴向右回转到也与V面重合于同一面上，使展平后的H、V、W三个投影面处于同一平面上，这样就能在图纸上用三个方向投影把物体的形状表示出来了。这里要注意Y轴是H面和W面的交线，因此，展平后Y轴被分为两部分，随H面回转而在H面上的Y轴用Y_H表示，随W面回转而在W面上的Y轴用Y_W表示，如图3-16（b）所示。

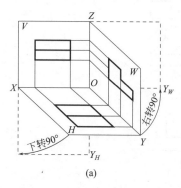

(a)

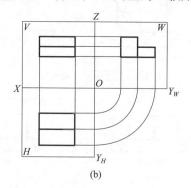

(b)

3.4　三面投影的形成

图3-16　三投影面的展平方法

投影面是设想的，并无固定的大小边界范围，故在作图时，可以不必画出其外框。上述踏步模型的三面投影图如图3-17所示。

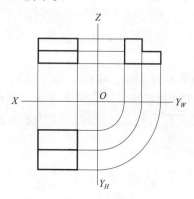

图3-17　踏步模型的三面投影图

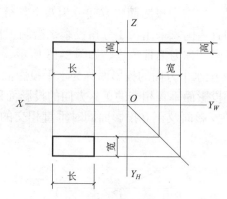

图3-18　三面正投影图

在作投影图时，根据物体的复杂情况，有时只需要画出它的H面投影和V面投影(既无W面，也无OZ轴和OY轴)，这种只有H面和V面的投影面体系即两面投影体系。

正面投影、水平投影都反映了形体长度，且H面又是绕X轴向下旋转摊平的，所以形体上所有的线（面）的正面投影、水平投影应当左右对正。相同原理，正面投影、侧面投影反映了形体的高度，形体上所有的线（面）的正投影、侧面投影应当上下对齐。水平投影、侧面投影反映形体的宽度，形体上所有的线（面）的水平投影、侧面投影的宽度分别相等。如图3-18所示。

1. 三面投影体系中形体长、宽、高的确定

空间的形体都有长、宽、高三个方向的尺度。为使绘制和识读方便，有必要对形体的长、宽、高作统一的约定：

首先确定形体的正面（通常选择形体有特征的一面作为正面），此时形体左右两侧面之间的距离称为长度，前后两面之间的距离称为宽度，上下两面之间的距离称为高度，如图 3-19 所示。

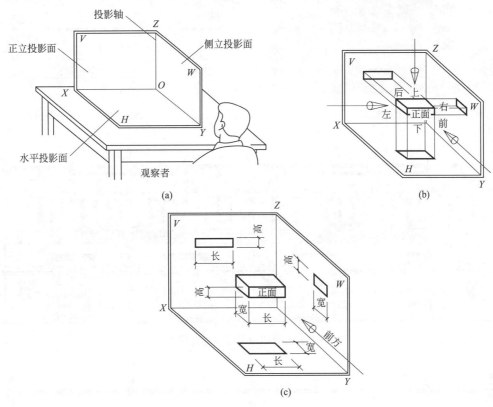

图 3-19　三面投影体系的投影关系

从图 3-19 的长方体三面投影图可知，H、V 面投影在 X 轴方向均反映形体的长度且互相对正；V、W 面投影在 Z 轴方向均反映形体的高度且互相平齐；H、W 面投影在 Y 轴方向均反映形体的宽度且彼此相等。各图中的这些关系，称为三面正投影图的投影关系。可归结为："长对正、高平齐、宽相等"，这九个字是绘制和识读投影图的重要规律。

2. 三面投影图的方位

如果将图 3-19（b）展开可以得到如图 3-20 所示的投影图。从图中可知形体的前、后、左、右、上、下的六个方位，在三面投影图中都相应反映出其中的四个方位，如 H 面投影反映形体左、右、前、后的方位关系。要注意：此时的前方位于 H 投影的下侧，这是由于 H 面向下旋转、展开的缘故。

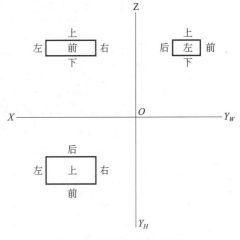

图 3-20　三面投影图的方位

在 W 面投影上的前、后两方位，初学者也常与左、右方位相混。在投影图上识别形体的方位关系对于读图是很有帮助的。

3. 工程图的形成

工程图是基于二维平面的图纸，依据三面投影体系展开后形成的，如图 3-21 所示建筑三维透视图展

开后，形成图 3-22 平面图、图 3-23 立面图、图 3-24 后立面图、图 3-25 左立面图、图 3-26 右立面图等。

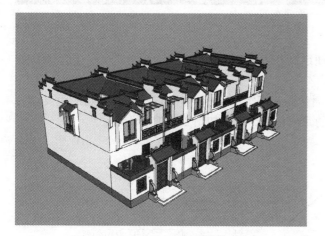

图 3-21　建筑三维透视图

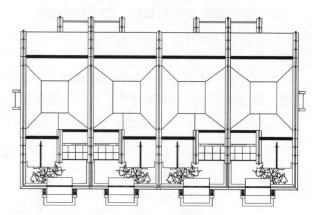

图 3-22　建筑平面图

图 3-23　建筑立面图（主视图）

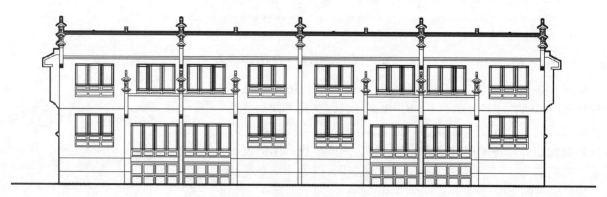

图 3-24　建筑后立面图（后视图）

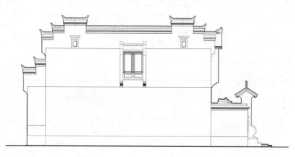

图 3-25　建筑左立面图（左侧视图）

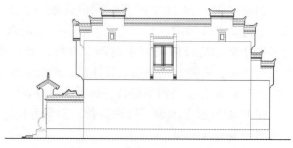

图 3-26　建筑右立面图（右侧视图）

任务二　绘制建筑图的工具应用

一、图形界限

1. 图形界限定义

图形界限就是 AutoCAD 中绘图设定的界限、边界、范围。图形界限系统默认为范围，左下角原点坐标（0，0），右上角坐标（420，297），为 A3 纸张大小。

如果不设置图形界限，会造成绘图的比例与实际尺寸不符，AutoCAD 视图操作绘制显示有误，超过了界限不能绘图等问题。在 AutoCAD 绘图时，一般要根据绘图的内容，先确定好需要绘制图形大小的尺寸，设置 AutoCAD 图形界限的边界，再进行绘图。

2. 设置图形界限方法

命令：Limits

◇ 菜单栏　单击菜单栏上的【格式】——下拉菜单面板，单击【图形界限】按钮——左下角原点坐标为（0，0）——右上角默认坐标为（420，297）（根据所需绘图大小设置相应的坐标数值，一般设置右上角坐标）——按【Enter】键或者【Space】键确认，如图 3-27 所示。

◇ 命令行　命令栏中输入命令"Limits"——按【Enter】键或者【Space】键确认——设置左下角原点坐标为（0，0）——设置右上角默认坐标为（420，297）（根据所需绘图大小设置相应的坐标数值，一般设置右上角坐标）——按【Enter】键或者【Space】键确认，如图 3-28 所示。

图 3-27　菜单栏图形界限

图 3-28　命令栏输入图形界限命令

◇ 工具栏　根据绘图的内容，通过绘图工具矩形，设置矩形长度、宽度大小来设置绘图的边界。命令栏输入"REC"——按【Enter】键或者【Space】键确认——指定矩形的第一个角点——指定矩形的第二个角点——输入尺寸"D"——指定矩形长度"8000"——指定矩形宽度"4000"——按【Enter】键或者【Space】键确认结束设置，如图 3-29 所示。

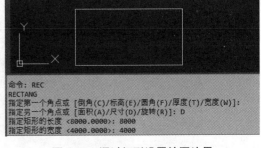

图 3-29　通过矩形设置绘图边界

1. AutoCAD 图层的作用

在 AutoCAD 绘制复杂的建筑图中，如某一张建筑平面图，该平面图中有墙体、柱、隔墙、家具、家电、尺寸标注、文字说明、地面材料、地面建筑符号、水电符号、门窗，等等，很多不同类型的图、符号。

这些不同类型的图、符号需要用不同的线型，线的粗、中、细，表达图纸内容的层次关系，所以必须用图层分开设置。如，设置粗、中、细三类图层，墙体一般为粗线图层；家具、家电等为中线图层；尺寸标注、地面材料等为细线图层。

2. 设置图层方法

命令: Layer，快捷命令: LA

启用"图层"工具栏。在工具栏空白处单击鼠标右键弹出的面板上，单击【AutoCAD】，弹出工具栏面板菜单，在上面单击【图层】、【图层Ⅱ】，图层工具栏会出现在视图操作的正上方的横向工具栏处。如图 3-30、图 3-31 所示。

图 3-30　启用工具图层

图 3-31　工具图层

◇ 工具栏　单击工具栏上的【图层】按钮——弹出"图层特性管理器"——单击新建图层按钮或删除按钮——确定后根据需要设置为当前图层——根据图层内容设置线型、粗细——单击关闭，如图 3-32 所示。

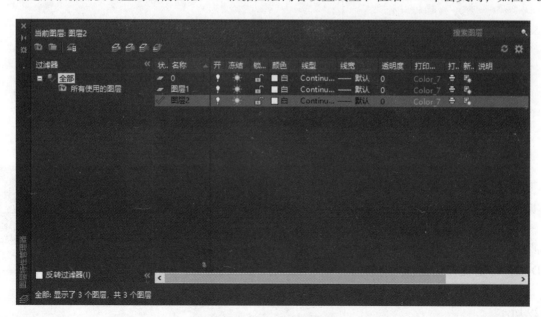

图 3-32　图层特性管理器

◇ 命令行 命令栏输入"LA"——→按【Enter】键或者【Space】键确认——→弹出"图层特性管理器"——→单击新建图层按钮或删除按钮——→确定后根据需要设置为当前图层——→根据图层内容设置线型、粗细——→单击关闭，如图 3-32 所示。

三、定位轴线

定位轴线是确定建筑物主要结构或构件位置及标志尺寸的基准线。它既是建筑设计的需要，也是施工中定位、放线的重要依据。在 AutoCAD 绘图的时候，需要先确定轴线或参考线，以轴线为基准绘图，一般会先设置一个轴线图层，如图 3-33 所示。

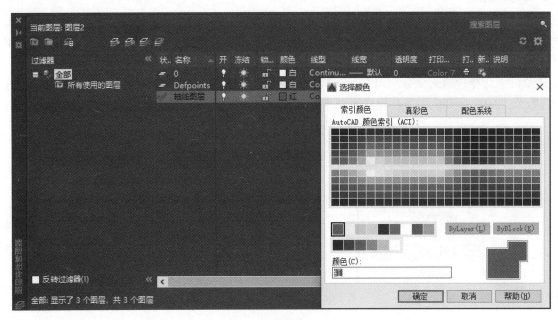

图 3-33　新建轴线图层

1. 选择线型

在 AutoCAD 中定位轴线一般用点划线，也就是经常用到的中心线，线宽一般设置为默认大小，颜色设置为红色。打开设置图层对话框，单击【线型】设置按钮，弹出"选择线型"对话框，如图 3-34 所示。

2. 加载线型

AutoCAD 中的线型是以线型文件（也称为线型库）的形式保存的，其类型是以".lin"为扩展名的 ASCII 文件。可以在 AutoCAD 中加载已有的线型文件，并从中选择所需的线型；也可以修改线型文件或创建一个新的线型文件，如图 3-35 所示。

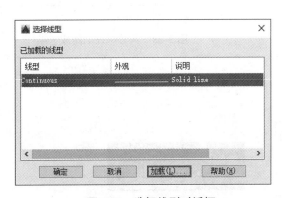

图 3-34　选择线型对话框

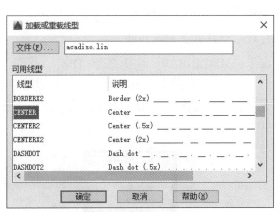

图 3-35　加载线型对话框

四、多线

1. 多线的定义

AutoCAD 的"多线"是指多条平行的线。多线可以同时画出多条平行的线，线的数量、间距、线型可以用多线样式设定。主要用于画墙线，可以设置比例和样式，而且双击多线交界处可以修剪，样式里面可以添加中线。

多线与多段线的区别：多段线是作为单个对象创建的相互连接的序列线段，可以创建直线段、弧线段或两者的组合线段。

2. 多线的绘制方法

命令：MLINE，快捷命令：ML

◇ 菜单栏　单击菜单栏上的【绘图】——下拉菜单面板，单击【多线】——输入多线比例"S"——输入相应数值——在视图中创建双线——按【Enter】键或者【Space】键确认，如图 3-36 所示。

◇ 命令行　命令栏输入命令"ML"——按【Enter】键或者【Space】键确认——输入多线比例"S"——输入相应数值"240"或其他——在操作视图中创建双线——按【Enter】键或者【Space】键确认，如图 3-37 所示。

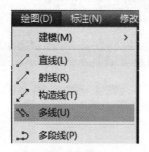

图 3-36　多线

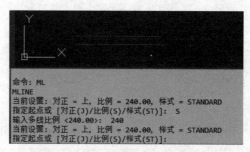

图 3-37　命令栏输入多线命令

五、尺寸标注

建筑制图最重要的就是尺寸标注，因为任何研究和施工都是以尺寸数字为准的。在 AutoCAD 绘制建筑图中，进行尺寸标注是非常重要的，必须准确、详尽、清晰，以确定建筑物及其各部分的大小。尺寸标注由尺寸界限、尺寸线、尺寸数字和尺寸起止符号四要素构成，如图 3-38 所示，依据现行标准《房屋建筑制图统一标准》（GB/T 50001—2017）进行标注。

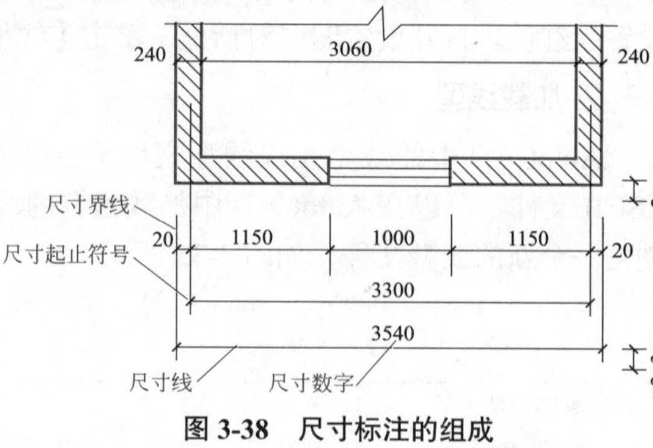

1. 尺寸标注的工具与方法

命令：DIMLINEAR，快捷命令：DIM

图 3-38　尺寸标注的组成

◇ 工具栏　在操作视图横向工具栏按鼠标右键弹出
的面板上，单击【AutoCAD】——弹出工具栏快捷菜单，单击【标注】——启用标注工具栏，如图 3-39、图 3-40 所示。

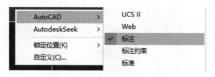

图 3-39　启用标注工具栏

图 3-40　标注工具栏

◇ 命令行 命令栏输入命令"DIM"——→按【Enter】键或者【Space】键确认——→选择需要标注第一点——→选择需要标注第二点——→按【Enter】键或者【Space】键确认，如图 3-41 所示。

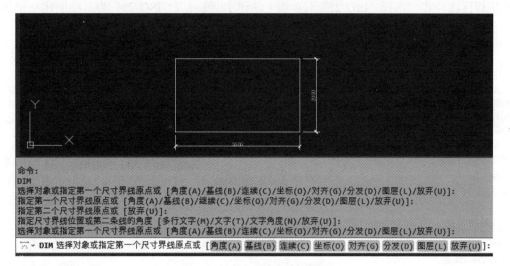

图 3-41　命令栏输入标注命令

2. 标注样式管理器

尺寸标注由尺寸界限、尺寸线、尺寸数字和尺寸起止符号四要素构成。在 AutoCAD 进行尺寸标注或其他标注的时候，有一个对标注进行管理的工具——标注样式管理器。标注样式管理器根据绘图的不同种类或目的，标注的箭头、尺寸线、尺寸界线、公差、标注精度、文字字体以及合适的文字大小，都可以进行设置，如图 3-42 所示。

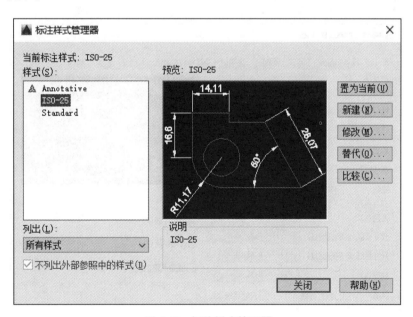

图 3-42　标注样式管理器

（1）标注样式管理器打开方法

命令 DIMSTYLE，快捷命令 D

◇ 菜单栏 单击菜单栏上的【格式】按钮——→弹出下拉菜单，单击【标注样式】按钮——→弹出"标注样式管理器"，如图 3-43 所示。

◇ 命令行 命令栏输入快捷命令"D"——→按【Enter】键或者【Space】键确认——→弹出"标注样式管理器"。

（2）标注样式管理器提供了三种标注样式。"Annotative"是注释性标注，是 2010 版本后才增加的；

"ISO-25"是公制的标注样式，是国际标准，"-25"是箭头和尺寸线大小；"Standard"是英制的标注，自带的标注标准。如果对标注没有严格的要求的话，参数满足要求，可以直接使用这些标注样式，如图3-44所示。

（3）创建新标注样式，选择"ISO-25"后单击【新建】，就可以"ISO-25"为基础创建一个新标注样式，可以自己定义一个名字，如"GB-50"，如图3-44所示。

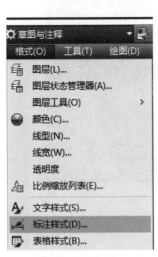

图 3-43　菜单标注样式

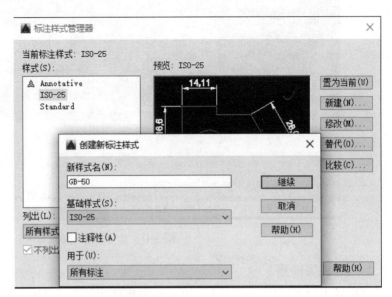

图 3-44　创建新标注样式

（4）单击标注样式管理器【修改】按钮，弹出"修改标注样式"对话框。修改标注样式有线、符号和箭头、文字、调整、主单位、换算单位、公差等，如图3-45所示。

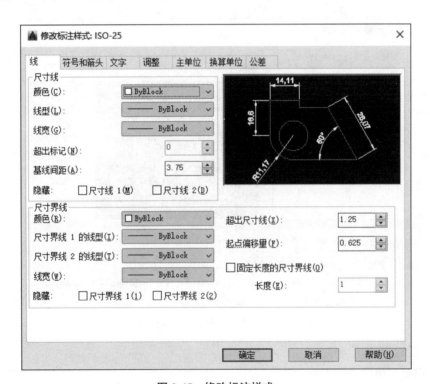

图 3-45　修改标注样式

3. 修改标注样式的设置

（1）"线"选项卡中的基本设置　"超出标记"为0，即尺寸线超出建筑标记0mm（标记为箭头时，该项为"0"）。"超出尺寸线"为2，即尺寸界线超出尺寸线2mm。"起点偏移量"为3，即尺寸界线距离测量尺寸的点位为 3mm，如图 3-46 所示。

（2）"符号和箭头"选项卡中的基本设置　在工程图中尺寸标注的常用的起止符号，在"箭头"处设置。常用的建筑倾斜符号、箭头符号、文字标注引线的前端符号、箭头大小等在该面板上设置，如图 3-47 所示。

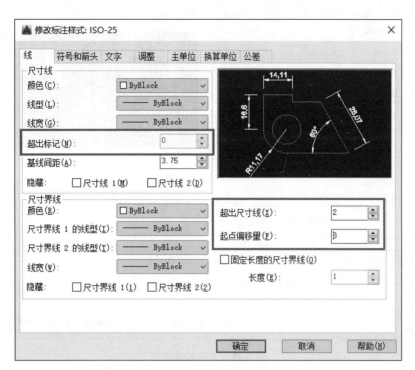

图 3-46　线基本设置

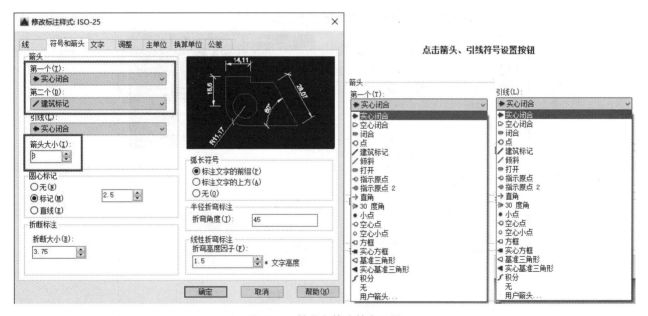

图 3-47　符号和箭头基本设置

（3）"文字"选项卡中的基本设置　"文字高度"为 2，即文字高度 2mm（打印在图纸上的尺寸，后均同）。"文字位置"中"垂直"为"上"，文字位于尺寸线上方。"文字位置"中"从尺寸线偏移"为"0"，即文字距离尺寸线 0mm。"文字对齐"中"与尺寸线对齐"，即与尺寸线方向一致，如图 3-48 所示。

（4）"主单位"选项卡中的基本设置　"精度"为"0"，即标注尺寸精确到个位数（参看下方尺寸标注的外观样式）（注：总平面图中常用"米"为单位，标注尺寸精确到小数点后两位或三位，则"精度"参数相应设为"0.00"或"0.000"），如图 3-49 所示。

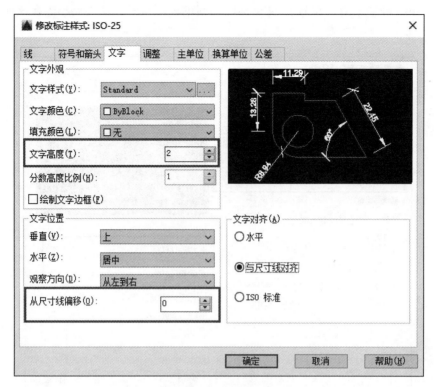

图 3-48　文字基本设置

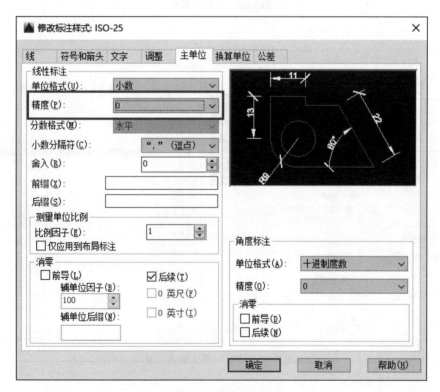

图 3-49　单位基本设置

（5）"调整"选项卡中的关键设置　在"文字位置"选项组中，可以设置当标注文字不在默认位置时应该放的位置。具体包括尺寸线旁边、尺寸线上方带引线、尺寸线上方不带引线。在"标注特征比例"选项组中可以设置标注尺寸的特征比例，以便通过设置全局比例来增加或减少各标注的大小，如图 3-50 所示。

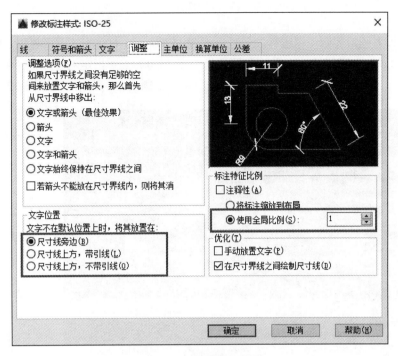

图 3-50　调整基本设置

任务三　墙体平面样图绘制

一、建筑墙体样图绘制

1. 根据所给的建筑墙体样图，完成图层设置与样图绘制

要求完成符合建筑样图的图形界限设置及栅格；创建轴线图层，线型为点划线；标注图层；墙体图层，设置线宽为 0.6；所有图层均为默认色，其他图形均绘制在默认图层 0 上，如图 3-51 所示。

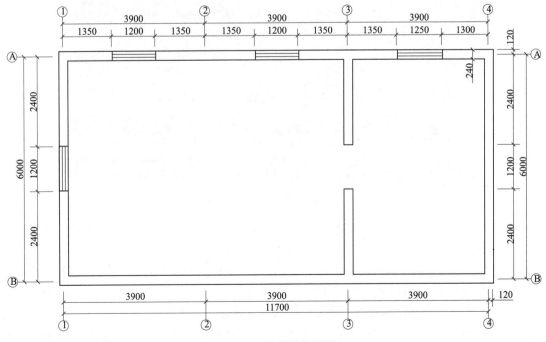

图 3-51　建筑墙体样图

2. 绘制步骤

（1）新建文件与设置图形界限　根据样图尺寸，设置11700mm×6000mm图形界限。输入"LIMITS"——按【Enter】键或者【Space】键确认——默认左下角坐标点（0,0）——指定右上角点（11700,6000）——输入缩放快捷命令"Z"——输入显示全部命令"A"——设置显示栅格——结束，如图3-52所示。

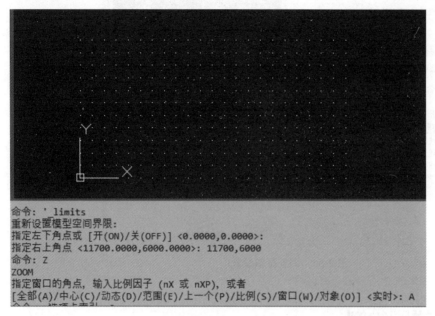

3.5　建筑墙体图形界限与图层创建

图3-52　图形界限设置

（2）创建图层　单击图层图标按钮，弹出"图层特性管理器"对话框。单击图层新建按钮，创建3个图层，分别为"轴线"图层、"墙体线"图层、"标注"图层。线型设置，"轴线"图层为"单点划线"，"墙体线"为"粗实线"0.6，其他图层均为默认线型。

注意："0"图层与"Defpoints"为系统默认图层。一般不绘制在这两个图层上，其中"Defpoints"图层不能打印。如图3-53所示。

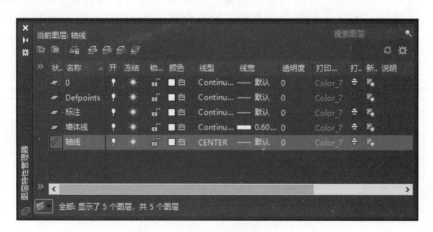

图3-53　创建图层

（3）绘制轴线或定位线　根据样图尺寸，在"轴线"图层上，创建轴线或定位线。完成图3-51中的纵向轴线①、②、③、④，横向轴线Ⓐ、Ⓑ及其他定位线的绘制，如图3-54所示。

（4）墙体线绘制　命令栏输入多线快捷命令"ML"——按【Enter】键或者【Space】键确认——输入比例"S"——按【Enter】键或者【Space】键确认——输入墙体厚度"240"——按【Enter】键或者【Space】键确认——输入对正"J"——按【Enter】键或者【Space】键确认——选择对正类型无"Z"——按【Enter】键或者【Space】键确认——打开对象捕捉——拾取相交定位轴线的点——创建墙体线——按【Enter】键

或者【Space】键确认结束，如图 3-55 所示。

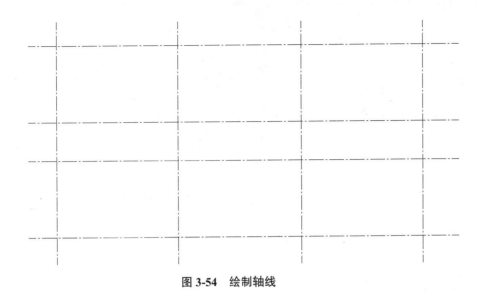

图 3-54　绘制轴线

3.6　建筑墙体轴线设置与绘制

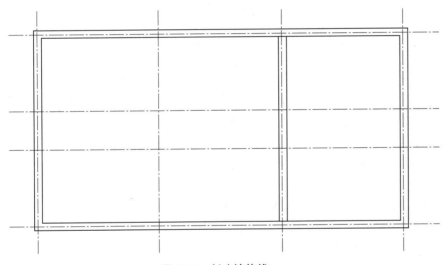

图 3-55　创建墙体线

3.7　建筑墙体双线与门窗绘制

（5）绘制门窗定位线　根据样图尺寸，以"①、②、③、④"，"Ⓐ、Ⓑ"轴线为基准，绘制门窗的定位线，如图 3-56 所示。

（6）绘制窗户多线，合并墙体线、修剪门洞　命令栏输入多线快捷命令"ML"——按【Enter】键——输入比例字母"S"——按【Enter】键——输入窗线厚度"80"——按【Enter】键——创建窗的内双线——确认结束。

命令栏输入修剪快捷命令"TR"——按【Enter】键——选择需要修剪门洞相交的线——按【Enter】键——单击修剪多余的线——按【Enter】键结束，如图 3-57 所示。

（7）尺寸线标注　根据样图尺寸，先标注各个小尺寸，再标注总长。打开标注管理器，修改标注单位精度"0"、箭头符号大小"120"、文字高度"200"，从尺寸线偏移"10"、超出尺寸线"180"，起点偏移"150"等。

命令栏输入快捷命令"DIM"——按【Enter】键——选择需要标注第一点——选择需要标注第二点——按鼠标左键确认结束，如图 3-58 所示。

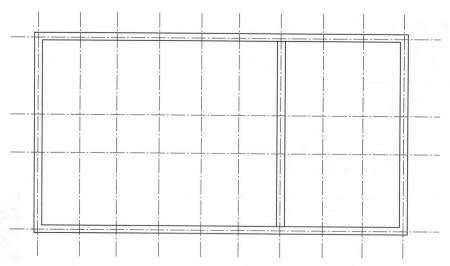

图 3-56　绘制门窗定位线

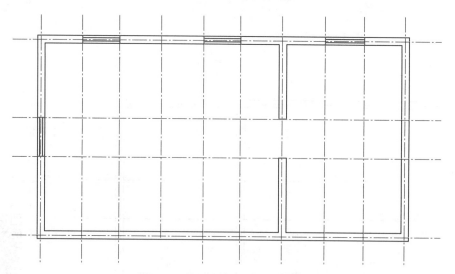

图 3-57　绘制窗户多线、修剪墙体

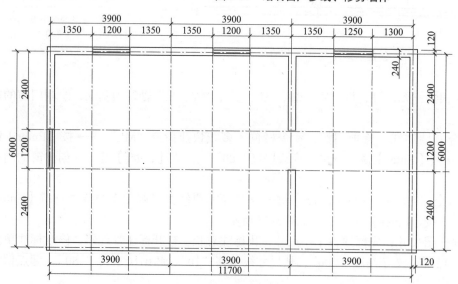

图 3-58　尺寸标注

3.8　建筑墙体标注样式设置与标注

（8）关闭轴线层，绘制轴线符号，显示最后效果　根据样图绘制"①、②、③、④"和"Ⓐ、Ⓑ"轴线标识符号。单击【图层】图标，打开"图层特性管理器"，单击"轴线"图层前面的"灯泡"，关闭轴线图层，显示最终效果，如图3-59所示。

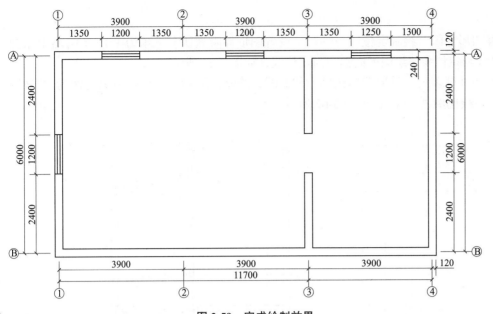

图 3-59　完成绘制效果

3.9　建筑墙体轴线编号、
墙体修剪与调整

二、住宅墙体平面样图绘制

1. 根据建筑户型样图，完成初级建筑住宅墙体平面图绘制

根据样图完成图形界限设置及栅格；创建 3 个图层，即"轴线"图层、"墙体"图层、"标注"图层；其中"轴线"图层线型为"点划线"，"墙体"图层线型粗为"0.6"，其他图层为默认，如图 3-60 所示。

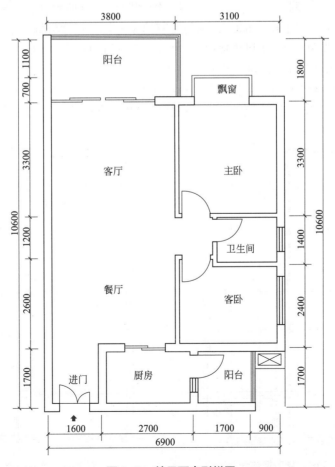

图 3-60　某平面户型样图

2. 绘制步骤

（1）新建图层、设置图形界限、绘制定位线与轴线　设置图形界限默认左下角为（0，0），右上角为(8000,12000),绘制纵向轴线与定位线，绘制横向轴线与定位线，如图 3-61 所示。

（2）绘制墙体线　绘制外墙多线，设置墙体比例为"240"；绘制内墙多线，设置内墙比例为"120"；绘制飘窗多线，设置飘窗多线比例为"60"，如图 3-62 所示。

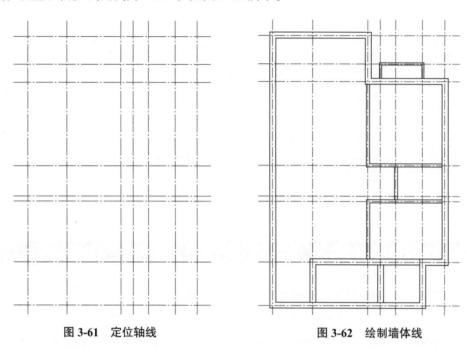

图 3-61　定位轴线　　　　　　　　　图 3-62　绘制墙体线

（3）修剪墙体线　修剪门洞、修剪飘窗墙体线、绘制阳台、落地窗、合并墙体线。根据常用门洞尺寸，门洞边距墙体尺寸大致为"100～600"，其他没有给定的细节尺寸依据所给样图自定。阳台、窗为四线表示，飘窗的内墙体线为单根线。门洞的净宽尺寸为：入户门"900"，主卧门"840"，卫生间门"650"，厨房推拉门"1200"，大阳台门洞"3060"，如图 3-63 所示。

（4）绘制门窗及其他　绘制窗户多线，设置比例为"80"，调整大阳台、小阳台双线，更改为默认线型。绘制入户双开门，卧室单开门，阳台单开门及推拉门如图 3-64 所示。

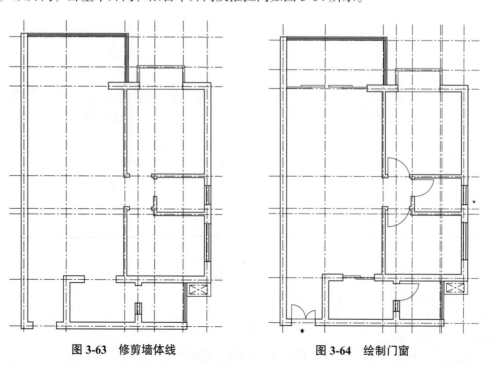

图 3-63　修剪墙体线　　　　　　　　　图 3-64　绘制门窗

（5）文字标识　输入文字，标识户型平面图的各分区功能。标识进门、客厅、餐厅、厨房、卫生间、卧室、阳台、飘窗，如图 3-65 所示。

（6）尺寸标注　打开"标注样式管理器"，修改标注样式。单击工具栏线性标注、单击连续标注。先标注小尺寸，再标注总长。修改标注单位精度"0"、箭头符号大小"100"、文字高度"200"，从尺寸线偏移"20"、超出尺寸线"180"，起点偏移"160"等，如图 3-66 所示。

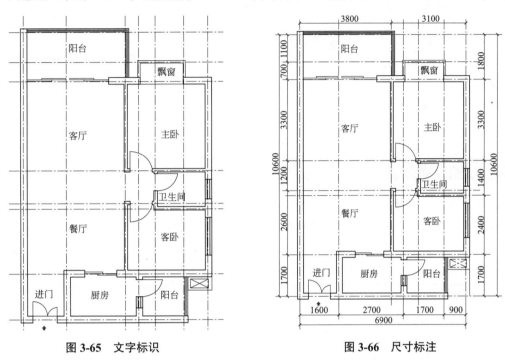

图 3-65　文字标识　　　　　　　　　　　　　　图 3-66　尺寸标注

（7）完成绘制　调整细节，修整检查，关闭轴线图层，显示最后绘制效果，如图 3-67 所示。

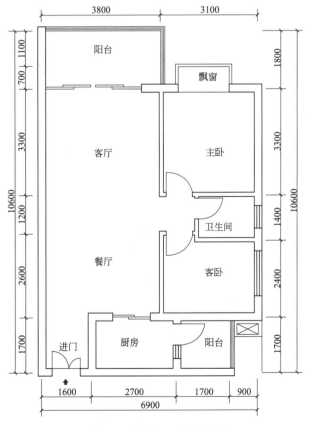

图 3-67　完成平面户型绘制

思考题

1. 怎样应用标注样式编辑器?
2. 怎样应用文本编辑器?
3. 多线设置的方法是什么?
4. 半径标注的方法是什么?
5. 建筑墙体平面图绘制时,图层怎么设置?
6. 建筑门、窗的修改快捷键是什么?
7. 文字字体设置方法是什么?
8. 连续修改的快捷键是什么?

实操题

1. 依据所学,查找一个两室两厅的户型墙体,并完成绘制。
2. 依据所学,运用 AutoCAD 绘制图 3-68 建筑图。

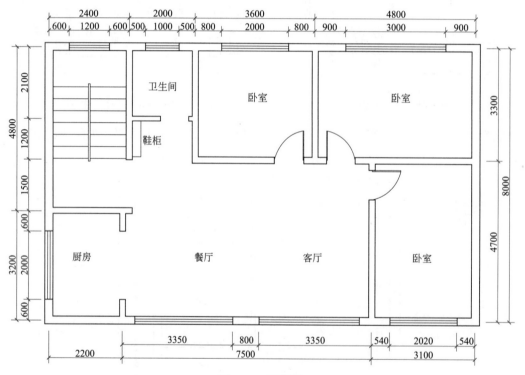

图 3-68 习题图

 **项目描述**

本项目以建筑各工程图（即建筑平面图、立面图、剖面图、大样图）作为高级绘图项目，根据由浅入深学习方法，先学习工程制图规范，再学习各工程图的绘制方法，以各工程图实操为主线将建筑图规范知识融合到实践应用中。

 学习目标

掌握建筑制图的国家规范，掌握建筑制图符号在工程图中的应用。掌握 AutoCAD 绘制工程平面图、不规则工程平面图的方法。掌握 AutoCAD 绘制复杂的建筑工程图即平面图、不规则平面图、立面图、剖面图、详图及大样图的方法。

 工作任务

采用计算机实例操作演示建筑各工程图的绘制步骤与绘制技巧；通过建筑各工程图上机实践操作，强化高级绘图技能的熟练应用。

本项目主要讲述建筑制图基本规范，掌握剖切符号、断面符号、折断线、直径符号、标高符号等常用建筑制图符号。通过提供不同的建筑图案例，要求学习者完成复杂建筑图的绘制，从而初步掌握建筑平面图、立面图、剖面图、详图的绘制方法。通过运用 AutoCAD 绘制复杂的建筑图，掌握运用 AutoCAD 绘制建筑图的方法和技巧。

任务一　建筑制图基本规范认识

本任务主要介绍常用的一些建筑制图符号和较为复杂的建筑图的绘制。常用建筑制图符号，如剖切符号、断面符号、折断线、直径符号、标高符号、正负符号等，在使用 AutoCAD 绘图时要求学习者认识这些符号在建筑图中作用，并掌握这些常用建筑制图符号的绘制方法，同时能熟练地使用 AutoCAD 绘制复杂的工程图。

（一）剖切符号和断面符号

剖切符号分为两种：一种是"剖切视图符号"，一种是"剖面图（断面图）符号"。剖切视图除了断面，还包括能看见的后面的投影。剖面图（断面图）仅仅表示断面形状，不画后面还能看见的其他投影。

1. 剖切符号

剖切符号表示在工程施工图中用于标记剖切所得立面在平面图中的具体位置。可用假想剖切面将物体垂直剖切，移去一边，暴露出另一边，再用正投影方法绘制在图纸上，就可充分表现出物体内部复杂构造的形状。为了明确剖切部位，就要用剖切符号来表示被剖切的位置。如在平面图的建筑轮廓线外相对的两边，水平或垂直于轮廓线外边画上剖切符号，表示纵向或横向剖切位置，如图4-1所示。

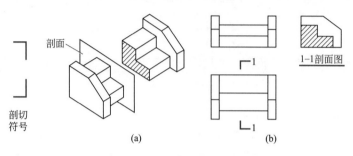

图 4-1　剖面图和剖切符号

剖切位置线与剖视方向线，共同构成了剖切符号。用粗实线表示，剖切方向线的边长为6～10mm；剖切位置线应垂直于剖切方向线，长度为4～6mm。即长边的方向表示切的方向，短边的方向表示看的方向，见图4-2。按照《房屋建筑制图统一标准》，建（构）筑物剖面图的剖切符号应标注在 ±0.000 标高的平面图或首层平面图上。

2. 断面符号

断面符号是一根粗线表示剖切位置，在剖切位置线一侧用数字表示，为剖视方向，如图4-2、图4-3所示。

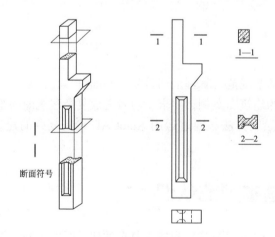

图 4-2　断面符号

3. 索引剖切符号

索引剖切符号由引线和剖切位置线及图编号组成。剖切符号位置线为粗实线，引线为细实线，从图编号圆形中线引出。剖切位置线一侧为剖视方向，即从短线往长线方向看。如图4-3所示。

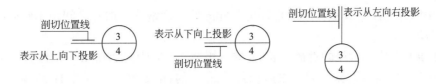

图 4-3　索引剖切符号

（二）折断线

1. 折断线定义及一般画法

折断线又叫作边界线，是在绘制的物体比较长而中间形状又相同时，为节省界面而使用。对于较长的物体，当沿长度方向的形状、结构一致或按一定规律变化时，如管子、型钢、杆件、混凝土构件等，可以假想将其折断，只画两端的形状而把中间部分省略，这种画法称为断开画法。断开处按规定画折断线，折断线用细的波浪线绘制，如图 4-4 所示。

2. 直线折断表示方法

折断线根据材料和断面形状不同，画法也稍有不同。一般建筑制图中分为直线折断与曲线折断。直线折断现在基本都简化了，折断处都采用直线表示，如图 4-5 所示。

3. 管子和圆柱体折断表示方法

管子和圆柱体画成不完整的"8"字形，圆圈内要画上材料剖面符号，木材画成锯齿形，当折断处较长时，可用中间带曲折的细实线或双点划线来画，如图 4-6 所示。

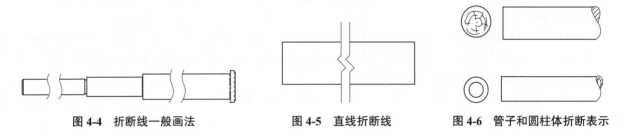

图 4-4　折断线一般画法　　　　图 4-5　直线折断线　　　　图 4-6　管子和圆柱体折断表示

（三）其他常用建筑符号

1. 直径符号

建筑制图中常用到直径符号与半径符号表达图纸中图形的数据。在 AutoCAD 绘制直径"ϕ"符号的方法为：文字对话框中输入"%%C"。如图 4-7 所示。

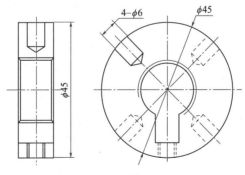

图 4-7　直径符号

2. 钢筋符号

（1）"ϕ10@100/200(2)"表示箍筋的直径为 10mm 的一级钢筋，加密区间距 100mm，非加密区间距 200mm，全为双肢箍。

（2）"Φ 10@100/200(4)"表示箍筋的直径为 10mm 的二级钢筋，加密区间距 100mm，非加密区间距 200mm，全为四肢箍。

（3）"Φ 8@200(2)"表示箍筋的直径为 8mm 的三级钢筋，间距为 200mm，双肢箍。

（4）"Φ 8@100(4)/150(2)"表示箍筋的直径为 8mm 的四级钢筋，加密区间距 100mm，四肢箍，非加密区间距 150mm，双肢箍，如图 4-8 所示。

Φ 一（Ⅰ）级钢HPB300；
Φ 二（Ⅱ）级钢HRB335；
Φ 三（Ⅲ）级钢HRB400；
Φ 四（Ⅳ）级钢HRB500

图 4-8　钢筋符号

3. 正负符号

"±"表示正或负，正负号在数学中可以用来表示有理数的正负或者对数值进行运算中的加减运算，如图 4-9 所示。

建筑制图中"±"的意思是：正号表示在基准线以上，负号表示在基准线以下。在 AutoCAD 中绘制"±"符号，输入："%%P"即可。

±

图 4-9　正负符号

4. 标高符号

标高，是指平均海平面和某地最高点（面）之间的垂直距离。标高在航行中的意义较大，如机场标高将直接关系到飞机的起飞着陆性能、操纵性能和飞行重量计算；又如当不了解某地目标高时，就无法完成测量、空投、探矿及农林等专业飞行任务。中国测定标高的基准面，是黄海的年平均海平面，习惯上标高又称"海拔"。

（1）标高分类

绝对标高：是以一个国家或地区统一规定的基准面作为零点的标高，我国规定以青岛附近黄海夏季的平均海平面作为标高的零点，所计算的标高称为绝对标高。除总平面图外，一般采用相对标高。

相对标高：以建筑物室内首层主要地面高度为零作为标高的起点，所计算的标高称为相对标高。

（2）建筑标高

建筑标高：在相对标高中，凡是包括装饰层厚度的标高，称为建筑标高，注写在构件的装饰层面上。

结构标高：在相对标高中，凡是不包括装饰层厚度的标高，称为结构标高，注写在构件的底部，是构件的安装或施工高度。结构标高即为装修前的标高。

一般在建筑施工图中标注建筑标高（但屋顶平面图中常标注结构标高），在结构施工图中标注结构标高。

（3）施工图中标高符号　不同的施工图中，标高符号表达也不一样，如图 4-10 所示。

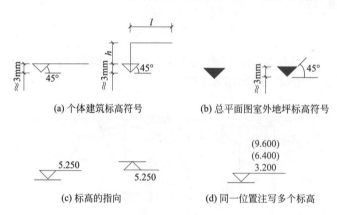

(a) 个体建筑标高符号　　　　(b) 总平面图室外地坪标高符号

(c) 标高的指向　　　　(d) 同一位置注写多个标高

图 4-10　标高符号

5. 索引符号与详图符号

（1）索引符号　在施工图中，有时会因为比例问题而无法表达清楚某一局部，为方便施工需另画详图。一般用索引符号注明画出详图的位置、详图的编号以及详图所在的图纸编号。索引符号和详图符号内的详图编号与图纸编号两者对应一致，如图 4-11 所示。

（2）索引符号绘制标注　按国标规定，索引符号的圆和引出线均应以细实线绘制，圆直径为 8～10mm。引出线应对准圆心，圆内过圆心画一条水平线，上半圆中用阿拉伯数字注明该详图的编号，下半圆中用阿拉伯数字注明该详图所在图纸的编号。如图 4-11 所示。

如果详图与被索引的图样在同一张图纸内，则在下半圆中间画一条水平细实线。索引出的详图，如采用标准图，应在索引符号水平直径的延长线上加注该标准图册的编号。如图 4-11 所示。

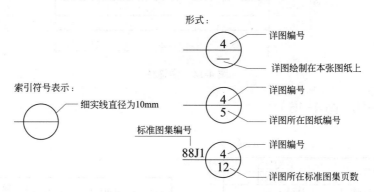

图 4-11　索引符号与详图索引符号

图框是指方便工程图纸的规范、图纸的管理等，在工程制图中图纸上限定绘图区域的线框。图纸上必须用粗实线、细实线画出图框，格式有留装订边和不留装订边两种，但同一产品图样只能采用一种格式，常用的图框形式如图 4-12 所示。

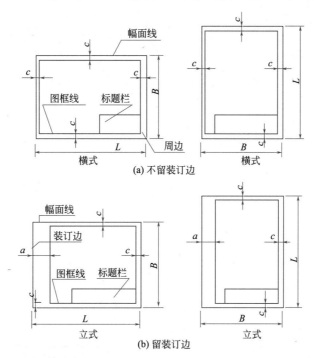

图 4-12　常用图框形式

1. 图幅基本尺寸

图纸的幅面简称图幅，指图纸宽度与长度组成的图面。图幅的大小，应符合图 4-13 的格式要求。

图幅代号	A0	A1	A2	A3	A4
$B \times L$/mm	841×1189	594×841	420×594	297×420	210×297
a/mm			25		
c/mm		10			5

图 4-13　图幅尺寸

2. 会签栏（图 4-14）

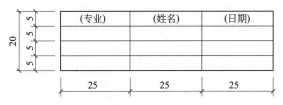

图 4-14　会签栏

3. 标题栏（图 4-15、图 4-16）

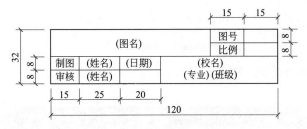

图 4-15　学生用标题栏（一）

××××职业技术学院		班级	2501	评阅	彭××
		学号	5	图号	5
制图	刘××	(日期)	××建筑平面图		
审核					

图 4-16　学生用标题栏（二）

4. 学生用图框图样（图 4-17）

图 4-17　图框图样

任务二　综合实践应用——平面图绘制

建筑平面图是工程图中最常用的图纸之一，掌握建筑平面图的绘制是学习工程制图的基础。

新建文件——→设置图形界限——→设置图层——→绘制轴线（图 4-18）——→绘制墙体线（图 4-19）——→文字标注——→尺寸标注——→完成绘制（图 4-20）。

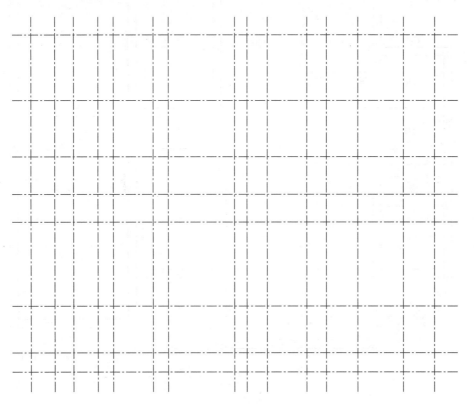

图 4-18　绘制轴线

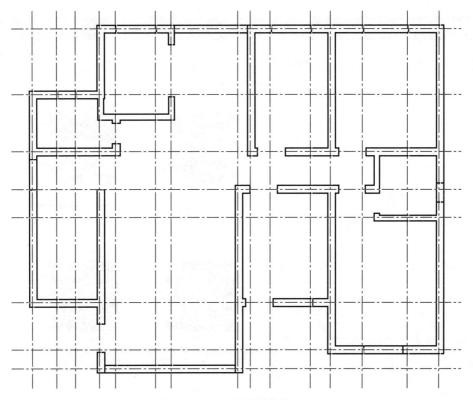

图 4-19　绘制墙体线

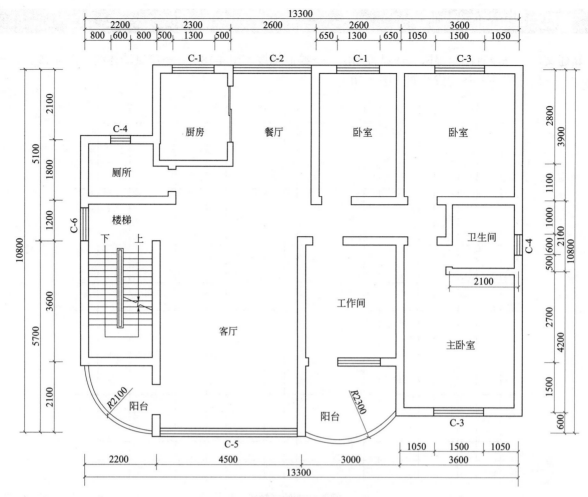

图 4-20 建筑户型平面图绘制完成

二、不规则建筑平面图绘制

新建文件——设置图形界限——设置图层——绘制轴线——角度旋转绘制倾斜轴线——绘制墙体线（图 4-21）——文字标注——尺寸标注——完成绘制（图 4-22）。

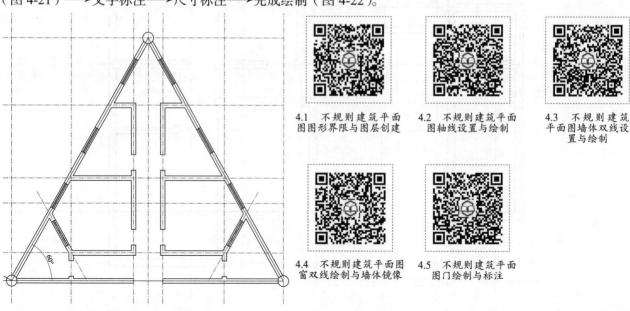

4.1 不规则建筑平面图图形界限与图层创建

4.2 不规则建筑平面图轴线设置与绘制

4.3 不规则建筑平面图墙体双线设置与绘制

4.4 不规则建筑平面图窗双线绘制与墙体镜像

4.5 不规则建筑平面图门绘制与标注

图 4-21 绘制轴线、不规则墙体线

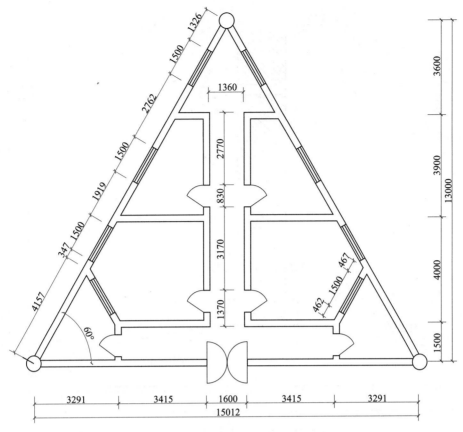

图 4-22　不规则建筑平面图绘制完成

任务三　综合实践应用——立面图绘制

一、建筑基础立面图绘制

新建文件——→设置图形界限——→设置图层——→绘制轴线——→绘制基础的一半（图 4-23）——→镜像的方式绘制另一半——→修剪并填充斜线——→钢筋文字标注——→尺寸标注——→完成绘制（图 4-24）。

4.6　基础立面图图形界限设置

4.7　基础立面图图层创建与轴线绘制

4.8　基础立面图实线绘制

4.9　基础立面图钢筋绘制、符号标注与填充

4.10　基础立面图尺寸标注设置与调整

图 4-23　绘制轴线、基础一半

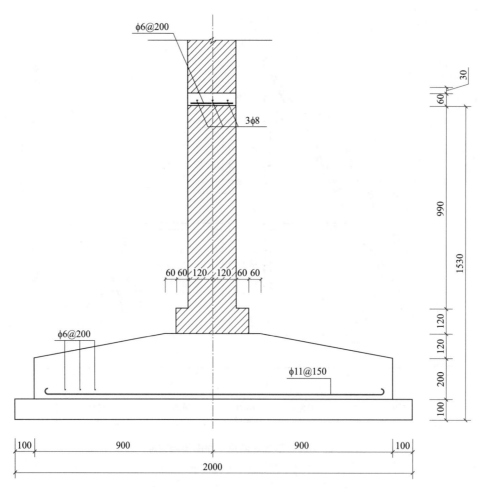

图 4-24　建筑基础立面绘制完成

二、室内卫生间立面图绘制

新建文件 ——→ 设置图形界限 ——→ 设置图层 ——→ 绘制轴线 ——→ 设置多线绘制墙体（图 4-25）——→ 修剪并填充斜线 ——→ 文字标注 ——→ 尺寸标注 ——→ 完成绘制（图 4-26）。

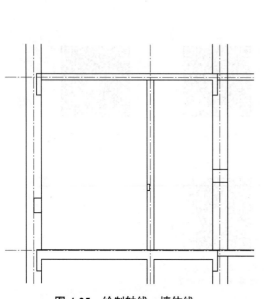

图 4-25　绘制轴线、墙体线

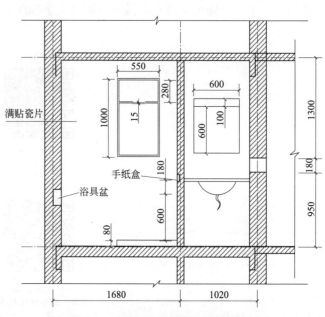

图 4-26　室内卫生间立面图绘制完成

任务四 综合实践应用——剖面图、大样图绘制

一、楼梯平面图、剖面图绘制

1. 底层楼梯平面图绘制

新建文件──设置图形界限──设置图层──设置轴线──设置多线绘制墙体──绘制底层楼梯踏步（图 4-27）──文字标注──尺寸标注──完成绘制（图 4-28）。

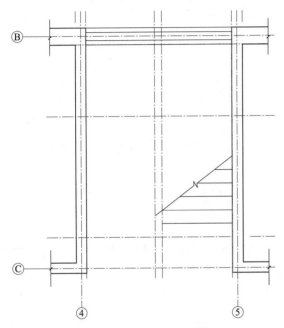

图 4-27 绘制轴线、墙体、踏步

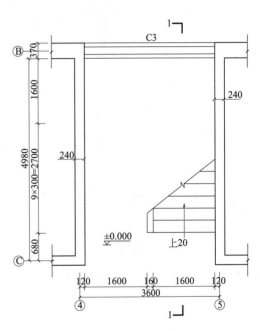

图 4-28 底层楼梯平面图绘制完成

2. 标准层楼梯平面图绘制

新建文件──设置图形界限──设置图层──设置轴线──设置多线绘制墙体──绘制标准层楼梯踏步（图 4-29）──文字标注──尺寸标注──完成绘制（图 4-30）。

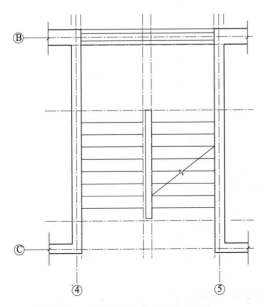

图 4-29 绘制轴线、墙体线、踏步

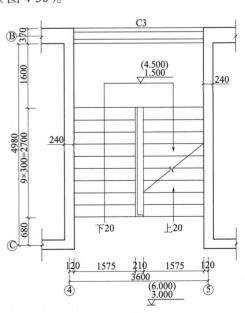

图 4-30 标准层楼梯平面图绘制完成

3. 顶层楼梯平面图绘制

新建文件——→设置图形界限——→设置图层——→设置轴线——→设置多线绘制墙体——→绘制顶层楼梯踏步（图 4-31）——→文字标注——→尺寸标注——→完成绘制（图 4-32）。

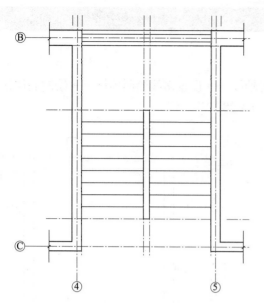

图 4-31 绘制轴线、墙体线、踏步

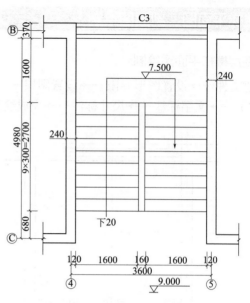

图 4-32 顶层楼梯平面图绘制完成

4. 楼梯剖面图绘制

新建文件——→设置图形界限——→设置图层——→设置轴线——→设置多线绘制墙体——→绘制楼梯剖面图踏步（图 4-33）——→文字标注——→尺寸标注——→完成绘制（图 4-34）。

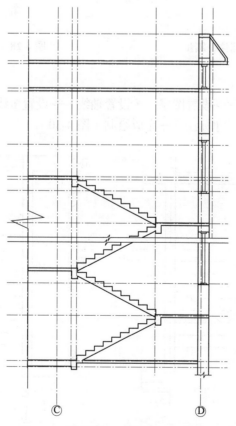

图 4-33 绘制轴线、墙体线、立面踏步

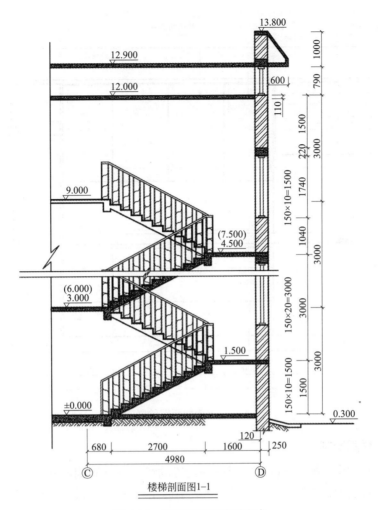

图 4-34　楼梯剖面图绘制完成

二、厨房立面图、剖面图及大样图绘制

1. 厨房立面图绘制

　　新建文件──→设置图形界限──→设置图层──→设置轴线──→绘制上下橱柜──→绘制立面陈设品及其他
（图 4-35）──→绘制剖面符号──→文字标注──→尺寸标注──→完成绘制（图 4-36 ）。

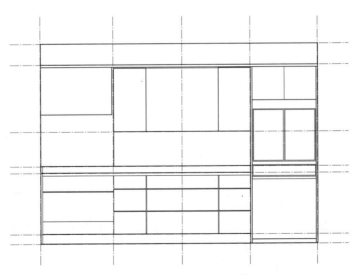

图 4-35　绘制轴线、橱柜、陈设品

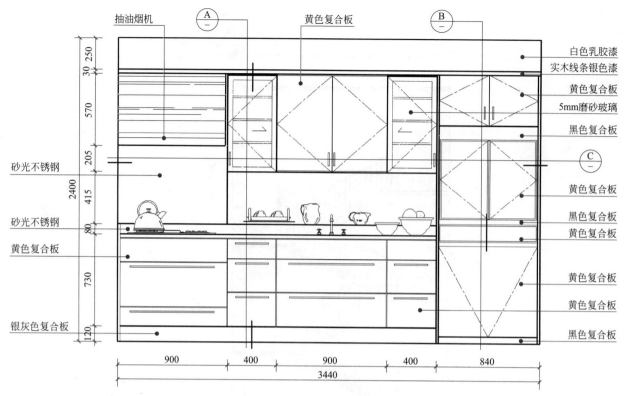

抽油烟机　　Ⓐ　　黄色复合板　　Ⓑ

白色乳胶漆
实木线条银色漆
黄色复合板
5mm磨砂玻璃
黑色复合板
Ⓒ
黄色复合板
黑色复合板
黄色复合板

砂光不锈钢
砂光不锈钢
黄色复合板
银灰色复合板

黄色复合板
黄色复合板
黑色复合板

30 250
570
205
415
80
730
120
2400

900　　400　　900　　400　　840
3440

图 4-36　厨房立面图绘制完成

2. 剖面图 A 与大样图绘制

新建文件──→设置图形界限──→设置图层──→设置轴线──→绘制剖面图 A ──→详细绘制剖面内部结构（图 4-37）──→绘制橱柜台面交接处大样图──→文字标注──→尺寸标注──→完成绘制（图 4-38）。

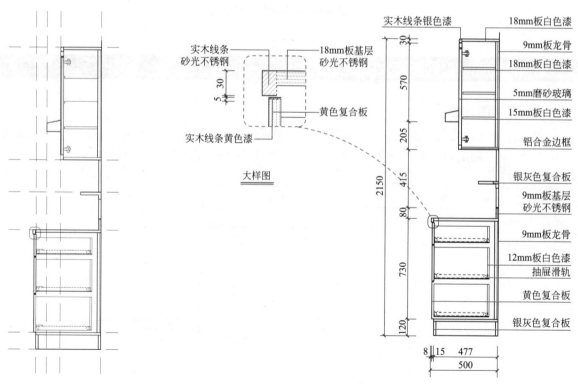

实木线条银色漆
实木线条
砂光不锈钢
18mm板基层
砂光不锈钢
5 30
黄色复合板
实木线条黄色漆

大样图

18mm板白色漆
9mm板龙骨
18mm板白色漆
5mm磨砂玻璃
15mm板白色漆
铝合金边框
银灰色复合板
9mm板基层
砂光不锈钢
9mm板龙骨
12mm板白色漆
抽屉滑轨
黄色复合板
银灰色复合板

30
570
205
415
80
730
120
2150

8 15 477
500

图 4-37　绘制轴线与橱柜剖面内部结构

图 4-38　剖面图 A、大样图绘制完成

3. 剖面图 B 绘制

新建文件——设置图形界限——设置图层——设置轴线——绘制剖面图 B ——详细绘制橱柜抽屉内部结构——绘制橱柜台面交接处详图——文字标注——尺寸标注——完成绘制，如图 4-39 所示。

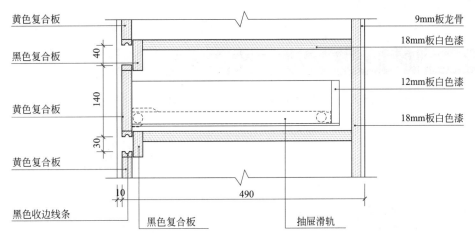

图 4-39　绘制剖面图 B

4. 剖面图 C 与大样图绘制

新建文件——设置图形界限——设置图层——设置轴线——绘制剖面图 C ——详细绘制剖面图 C 内部结构——绘制吊柜柜门交接处大样图——文字标注——尺寸标注——完成绘制，如图 4-40 所示。

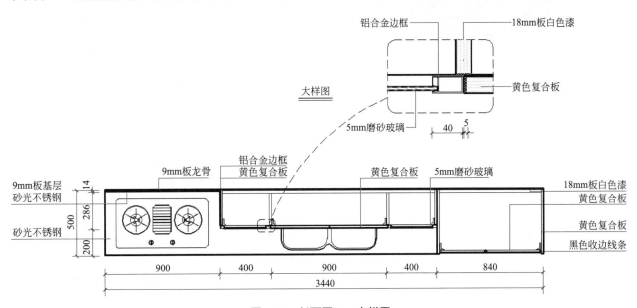

图 4-40　剖面图 C、大样图

思考题

1. 剖切符号怎样应用？
2. 折断线的绘制方法是什么？
3. 标高符号怎样应用？
4. 直径符号怎样应用？
5. 正负符号怎样应用？
6. 半径标注的方法是什么？

7. 不规则平面图的绘制步骤是什么？

8. 立面图的绘制步骤是什么？

9. 楼梯剖面图的绘制步骤是什么？

10. 大样图的绘制步骤是什么？

 实操题

依据所学，完成 U 形轻钢龙骨吊顶的剖面图绘制，见图 4-41。

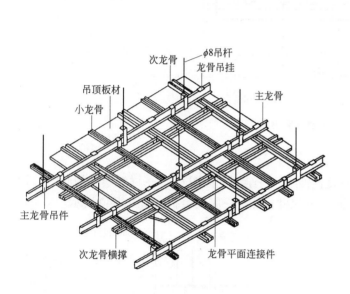

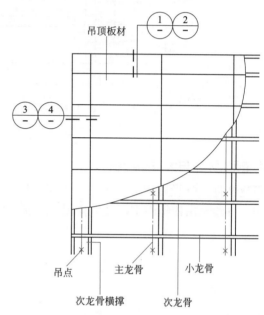

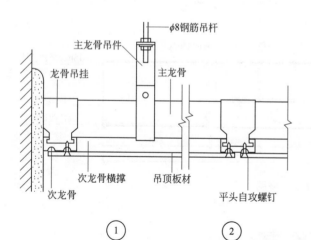

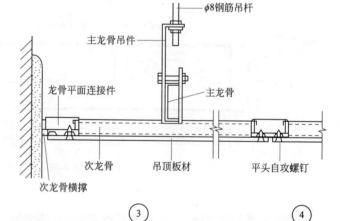

图 4-41　轻钢龙骨吊顶剖面图

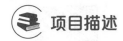 **项目描述**

本项目以某室内实际工程全套图纸为住宅室内设计施工图识图与绘制项目，以室内设计平面图、顶面图、水电开关插座图、立面图为任务驱动，依据工程的先后顺序展开住宅室内设计施工图的识图与实操绘制。

 学习目标

掌握家居室内设计基本知识，掌握家居室内设计基本内容。掌握家居室内设计施工图绘制规范，能识读各施工图内容。掌握 AutoCAD 绘制住宅室内设计工程图的技能。

 工作任务

通过计算机实例操作演示住宅室内设计平面施工图、天花施工图、水电图、开关插座施工图、各房间立面图及详图的绘制技巧；通过住宅室内设计各施工图绘制，从而熟练掌握住宅室内设计全套工程图的识图与绘制。

本项目主要基于 AutoCAD 制图，以实际工程项目为主线，培养学习者识读室内设计相关图纸，并掌握运用 AutoCAD 绘制室内设计相关图纸的方法。

任务一　室内设计制图认识

室内设计和装饰行业在我国历史上的各个时期都有不同的发展成就，从一些古建筑、壁画、工艺装饰、建筑室内彩绘、藻井等上可以看到很多图案装饰，如云雷纹的装饰图案等。历代的文献如《考工记》《营造法式》《园冶》等书籍上均有记载室内设计、装饰的内容。随着我国城市化进程加快，大量的现代设计手段、装饰方法、新型建筑材料的使用改变着人民的生活形式。室内设计随着社会和经济的发展、生活水平的提高，逐步从传统建筑工程领域分离出来，形成了更专业、更精细的分工。

室内设计是指以一定建筑空间为基础，根据建筑物的使用性质、所处环境和相应标准，综合运用现代物质手段，运用技术和艺术因素制造的一种人工环境，以追求室内环境多种功能的完美结合，创造出功能合理，舒适优美，符合人的生理和心理需求，使使用者心情愉快，便于学习、工作、生活和休息的室内环境设计。

室内设计内容包括室内效果方案设计（图 5-1）、室内设计工程制图、室内设计工程施工。传统的制图都是采用手绘图纸和较为简单文字说明。随着科技的进步与发展，基于电脑绘制方案设计图、工程施工图，将烦琐的人工手绘制图用电脑绘图代替，提高了生产效率，缩短了时间，成为现代建筑、室内设计等领域不可或缺的必然趋势。

室内设计制图是建筑设计的延续和深化，室内设计需要经历方案设计和施工图绘制两个阶段。方案设计阶段是依据建设单位或个人的委托，对室内现场依照有关设计规范进行方案敲定，包括现场测量、方案构思、方案草图、方案正稿、工程材料、工程预算等。一般效果图展示方案设计效果，待方案设计确定后再进行施工图绘制，最后依据施工图进行施工。施工图绘制包括：地面（平面）图、顶棚（天花）图、开关（水电）图、墙柱（立面）图、剖面（断面）图、细部节点详图和设计说明等。

国家为了统一房屋建筑室内装饰装修制图规范，保证制图质量，提高制图效率，做到图面清晰、简明，图示准确，符合设计、施工、审查、存档的要求，适应工程建设需要，制订了行业标准《房屋建筑室内装饰装修制图标准》（JGJ/T 244—2011）。

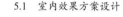

5.1 室内效果方案设计

图 5-1 室内效果方案设计

任务二 住宅室内设计平面施工图识图与绘制

室内设计是依据原始结构图进行方案构思的，施工图是依据室内设计方案绘制。室内设计平面施工图包括户型原始结构图、室内设计平面施工图。

原始结构图主要展示原始样貌的构造、节点，一般主要以平面为主。室内设计平面施工图也称室内设计平面布置图，是方案确定后绘制的施工图。这个室内设计平面图上主要展示出地面铺贴方案、地面铺贴材料、家具家电摆放位置、卫生间洗浴位置、厨房水槽燃气灶等位置及详细尺寸。室内设计平面施工图是水电设计和施工参照的重要依据，以此来确定水电布线、安装接头、插座、开关等具体位置。

一、住宅室内设计平面施工图

1. 室内设计原始结构图

室内设计原始结构图中展示了建筑完成后没有进行装修的室内内部结构的相互关系。如室内各房间的具体尺寸，面积，门窗的净高、净宽，层高，管道位置等详细数据。室内设计结构图的绘制是依据原始结构的数据展开的，因此在绘制室内设计平面施工图之前必须准确测量出原始结构图的尺寸数据，如图 5-2 所示。

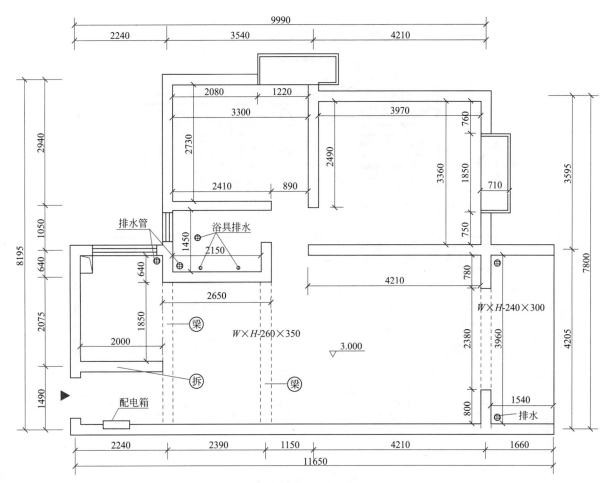

图 5-2　原始结构图

2. 室内设计平面施工图的形成和作用

室内设计平面施工图，是指假设用一个水平的剖切平面，沿装饰的房间略高于窗台的位置作水平全剖切，移去上面部分，对剩下部分所作的水平正投影图。它的主要作用是用来表明建筑室内各种装饰布置的平面形状、位置、大小和所用材料；表明这些布置与建造主体结构之间，以及各种布置之间的相互关系等，如图 5-3 所示。

3. 室内设计平面施工图的图示内容

（1）通过定位轴线及编号，表明装饰空间在建筑空间内的平面位置及其建筑结构的相互关系。标明装饰空间的结构形式、平面形状和长宽尺寸。

（2）标明门窗的位置、平面尺寸及门的开启方式。

（3）标明楼地面、门窗套、护壁板、墙裙、隔断、装饰柱等装饰结构的平面形式和位置。

（4）标明室内家具、电器设备、卫生设备、织物、摆设、绿化等平面布置的位置，并说明数量、规格和要求。

（5）标明各房间的位置和功能；标明装饰结构或配套布置的尺寸。

（6）标明各种视图符号，如剖切符号、索引符号、内视符号等。

（7）标明各房间地面的装饰材料并写出规格，根据需要可以单独绘制地面布置详图。

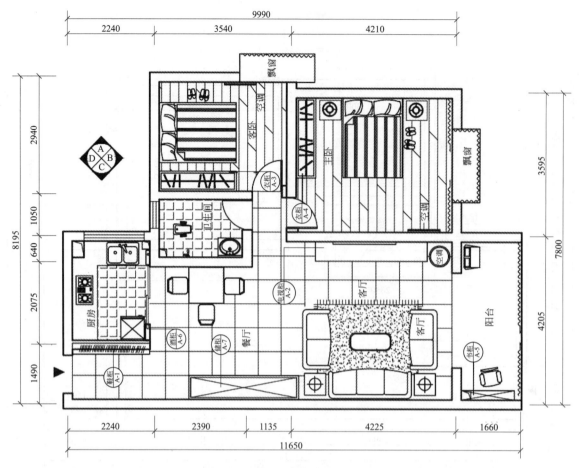

图 5-3　平面施工图

二、住宅室内设计平面施工图的识图与绘制

1. 室内设计平面施工图识图

（1）识别平面施工图中的制图符号，掌握制图符号的作用，根据制图符号的指示与要求，详细查看各施工图纸，对施工做进一步的准备。

（2）识别各个房间的名称和功能，如客厅、餐厅、卧室、卫生间、厨房、书房等。

（3）识别尺寸。根据平面施工图了解各房间的具体尺寸，规划室内家具、电器、软装等安装的大致位置、具体规格、数量等。

（4）识别各房间的电器设备规格和家具摆放位置、数量、要求等，做好水电线路的施工准备工作，计算插座、开关、电线等数量与规格。

2. 室内设计平面施工图绘制

（1）根据样图（或实际现场）设置图形界限或适当的比例，如图 5-4 所示。

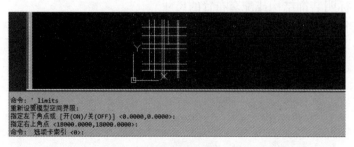

图 5-4　图形界限设置

5.2　室内平面图图形界限设置

（2）根据样图（或实际现场）设置轴线图层，绘制轴线，如图5-5所示。

（3）根据样图（或实际现场）设置墙体图层，绘制墙体，如图5-6所示。

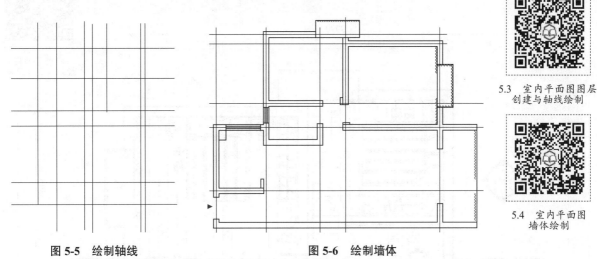

图 5-5　绘制轴线　　　　　　　　　　图 5-6　绘制墙体

5.3　室内平面图图层
创建与轴线绘制

5.4　室内平面图
墙体绘制

（4）根据样图（或实际现场）设置地面图层，绘制地面填充，如图5-7所示。

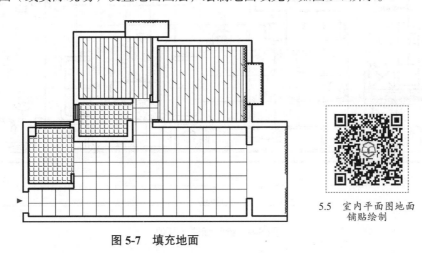

图 5-7　填充地面

5.5　室内平面图地面
铺贴绘制

（5）根据样图（或实际现场）设置家具图层，绘制家具、摆件、绿化，如图5-8所示。

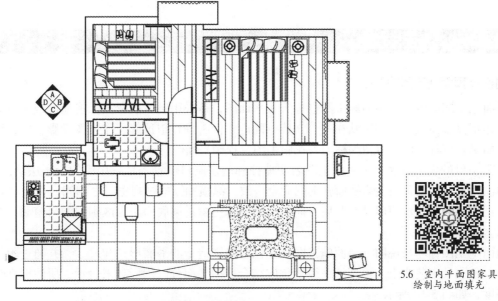

图 5-8　绘制家具

5.6　室内平面图家具
绘制与地面填充

（6）根据样图（或实际现场）设置标注、文字图层，绘制标注、文字说明等，如图5-9所示。

5.7　室内平面图尺寸标注与文字绘制

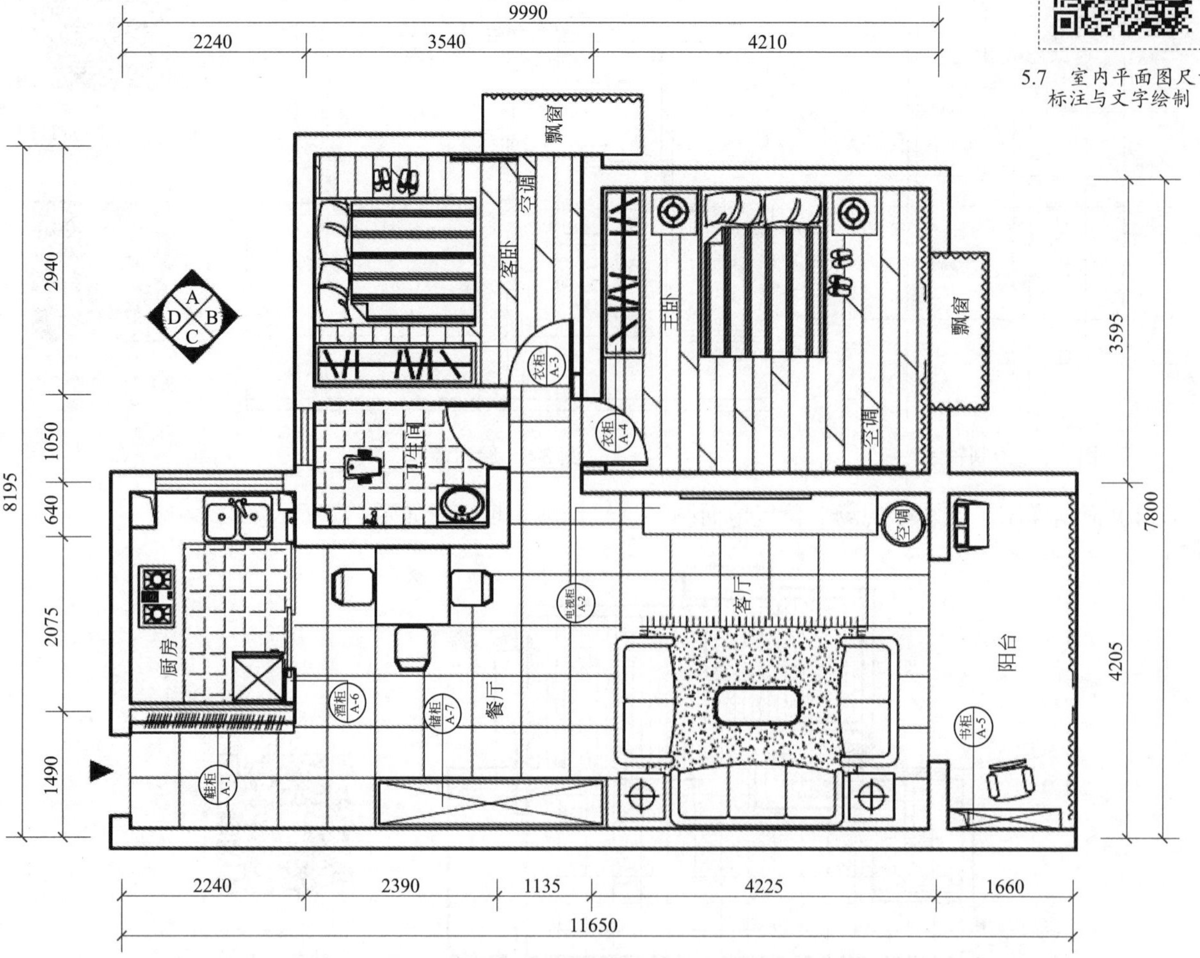

图 5-9　绘制标注及其他

任务三　住宅室内设计顶面施工图识图与绘制

一、住宅室内设计顶面施工图

1. 室内设计顶面施工图的形成

（1）顶面施工图的概念　顶面施工图也称天花平面图，是采用镜像投影法，将地面视为截面，对镜中顶棚的形象作正投影而成。或假设站在一个立体空间内，仰头垂直望顶部，作镜像投影，所得到的面称之为顶面图。如果有灯具、设计造型等称为天花施工图、顶棚平面图。

（2）门窗洞口的表示方法　顶面施工图表明墙柱和门窗洞口位置，是采用镜像投影法绘制的顶棚图。其图形上的前后、左右位置与装饰平面施工图完全一致，纵横轴线的排列也与之相同。

顶面施工图一般不图示门扇及其开启方向线，只图示门窗过梁底面。为区别门洞与窗洞，窗扇用一条细虚线表示。

（3）顶面施工图标注与说明　顶面施工图表示顶棚装饰造型的平面形式和尺寸，并通过附加文字说明其所用材料、色彩及工艺要求。顶棚的跌级变化应结合造型平面分区用标高来表示，所注标高是顶棚各构件地面的高度，如图 5-10 所示。

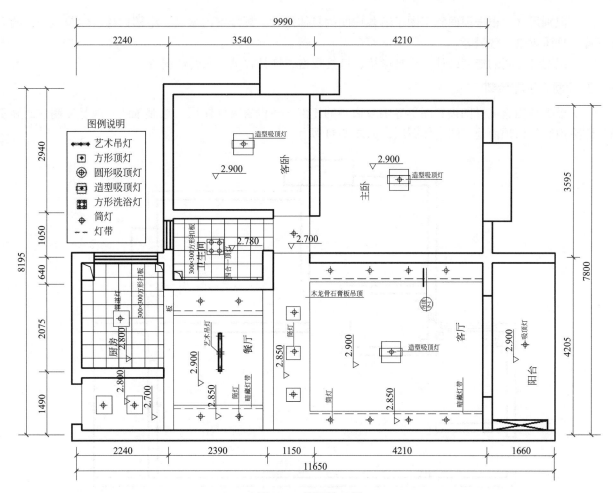

图 5-10 顶面施工图

2. 室内设计顶面施工图的图示内容

（1）通过定位轴线及编号，标明装饰空间在建筑空间内的顶面位置及其建筑结构的相互关系。标明装饰空间的结构形式、各房间的位置和功能、顶面形状和长宽尺寸。

（2）标明门窗的位置、顶面尺寸、梁柱的位置、梁柱的厚度、空调风口、顶部消防与音响设备等设施的布置形式与安装位置。

（3）标明顶面设计造型、灯具式样、灯具规格、灯具数量、布置形式及安装位置，按比例用一个细实线圆形表示，大型灯具可按比例画出它的正投影外形轮廓，力求简明概括，并附加文字说明。

（4）标明各种视图符号，如剖切符号、索引符号、内视符号等构造详图的剖切位置及剖面构造详图的所在位置。

（5）标明各房间顶面的装饰材料并写出规格，标明墙体顶部有关装饰配件（如窗帘盒、窗帘）等的形式与位置。根据需要可以单独绘制顶面施工详图。

二、住宅室内设计顶面施工图的识图与绘制

1. 室内设计顶面施工图识图

（1）识别顶面施工图中的制图符号，掌握制图符号的作用，根据制图符号的指示与要求，详细查看各施工图纸，对施工做进一步的准备。

（2）识别各房间的位置和功能，掌握各个房间顶面的梁柱、造型情况。如客厅顶面、餐厅顶面、卧室顶面、卫生间顶面、厨房顶面、书房顶面等。

（3）识别尺寸。根据顶面施工图了解各房间的具体尺寸，规划室内家具、电器摆件、软装等安装的大致位置、具体规格、数量等。

（4）识别各房间的造型设计、灯具形状、灯具规格、灯具数量、照明情况等。

2.顶面施工图绘制

（1）根据顶面施工样图设置图形界限或适当的比例——→设置轴线图层，绘制轴线。或是复制顶面施工图，删除内容保留顶面施工图墙体图层，如图5-11所示。

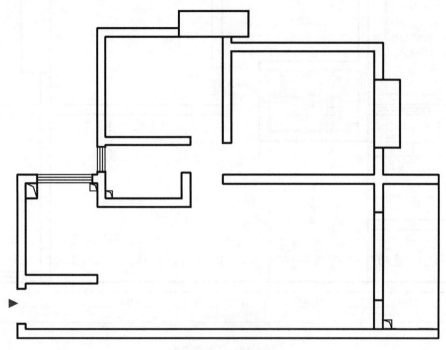

图5-11 绘制墙体

（2）根据顶面施工样图设置灯具图层，绘制顶面造型、灯具填充，如图5-12所示。

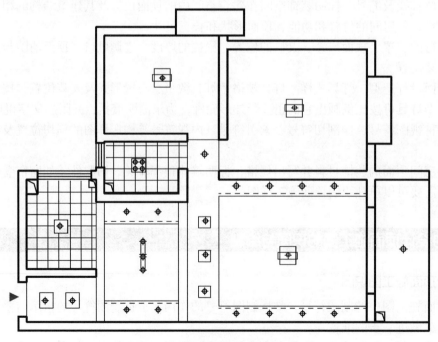

图5-12 吊顶造型、灯具绘制

（3）根据顶面施工样图设置标注、文字图层，绘制标注、文字说明、灯具图例等。如图5-13所示。

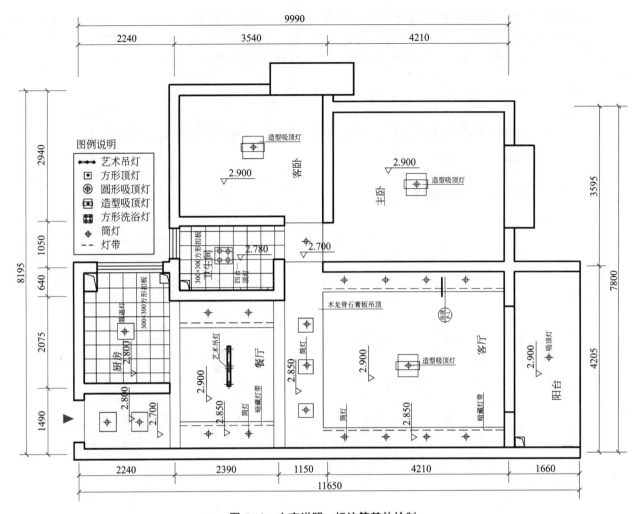

图 5-13　文字说明、标注等其他绘制

任务四　住宅室内设计水电路、开关、插座施工图识图与绘制

一、住宅室内设计水电路、开关、插座施工图

"水电路、开关、插座"在建筑工程里面属于给排水、设备暖通、电气工程范畴。本任务主要以室内设计识读与绘制为目标，介绍一些基本常用的水电路、开关、插座知识，帮助大家读懂基本的图纸和绘制简要的"水电路、开关、插座"施工图。

室内设计"水电路、开关、插座"施工图分为家装与公装。这里以介绍家装为主，家装的水电、开关、插座施工图较为简单，一般常绘制在一张图纸上。复杂的"水电路、开关、插座"施工图必须分开绘制。

1. 水电路、开关、插座基本概念

（1）水电路施工图　这里水、电路施工图是指依据室内设计方案绘制的给排水设计施工图、供电电路设计施工图，它涉及电气工程范畴。

室内设计水电路施工图是在室内设计平面施工图、顶棚施工图完成后，进行给排水、电气安装与施工等的主要依据。

（2）开关施工图　开关是指控制室内设计中照明系统的电源按钮。室内设计开关施工图，是在室内设计平面施工图、顶棚施工图完成后，进行开关安装与施工的主要依据。

（3）插座施工图　插座是指室内设计中电器或其他用电器所需电源接口的接头。室内设计插座施工图，是在室内设计平面施工图、顶棚施工图完成后，进行插座安装与施工的主要依据。

（4）开关、插座符号表达　依据国家标准规范，整理了常用开关、插座符号的表达，如图5-14所示。

名称	图形符号	说明	名称	图形符号	说明
断路器			插座		
照明配电箱			开关		开关一般符号
单相插座		依次表示明装、暗装、密闭、防爆	单相三孔插座		依次表示明装、暗装、密闭、防爆
单极开关	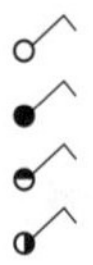	依次表示明装暗装、密闭、防爆	三相四孔插座	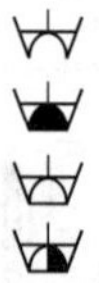	依次表示明装、暗装、密闭、防爆
双极开关	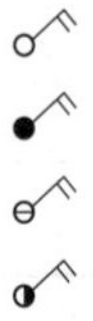	依次表示明装暗装、密闭、防爆	三极开关		依次表示明装、暗装、密闭、防爆
多个插座	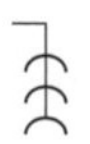	3个	带开关插座		装一单极开关
单极拉线开关			灯		

图 5-14　常用开关、插座符号的表达

2. 水电路、开关、插座图示内容

（1）通过定位轴线及编号，标明装饰空间在建筑空间内的顶面位置及其建筑结构的相互关系。标明装饰空间的结构形式、各房间的位置和功能、顶面形状和长宽尺寸。

（2）标明门窗的位置、顶面尺寸、梁柱的位置、梁柱的厚度、空调风口、顶部消防与音响设备等设施的布置形式与安装位置。

（3）标明楼地面、门窗套、护壁板、墙裙、隔断、装饰柱等装饰结构的平面形式和位置。标明室内家具、电器设备、卫生设备、织物、摆设、绿化等平面布置的位置，并说明数量、规格和要求。

（4）标明室内顶面设计造型、灯具式样、灯具规格、灯具数量、布置形式及安装位置。按比例用一个细实线圆形表示，大型灯具可按比例画出它的正投影外形轮廓，力求简明概括，并附加文字说明。

（5）标明各种冷水、热水、消防用水、暖通、开关、插座布置形式及安装位置。按比例用不同图例表达在平面施工图、顶棚施工图等中，并用文字、数据写出材料规格进行详细说明。如图5-15所示。

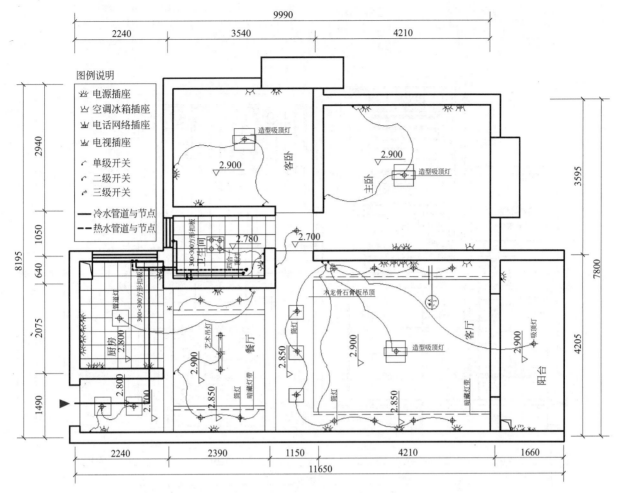

图 5-15　水电路、开关、插座示意图

二、住宅室内设计水电路、开关、插座施工图识图与绘制

1. 水电路、开关、插座识图

（1）识别"水"施工图中的给排水符号，进水管、热水管、冷水管、排水管、截止阀、弯管等给排水的符号及作用，掌握给排水中符号的作用及表示方法，掌握给排水符号绘制的方法。

（2）识别"电"施工图中的电气符号，灯具控制连线、电线符号、电线管、线盒等电器符号的表达及作用，掌握电器符号的作用及表示方法，掌握电器符号绘制的方法。

（3）识别"开关"施工图中的开关符号，单开、双开、单联、双联、多联、面板等开关符号的作用及安装位置，掌握开关符号的作用及表示方法，掌握开关符号绘制的方法。

（4）识别"插座"施工图中的插座符号，两孔插座、三孔插座、五孔插座、空调插座、地插等插座符号的作用及安装位置，掌握插座符号的作用及表示方法，掌握插座符号绘制的方法。

（5）标明室内顶面设计造型、灯具式样、灯具规格、灯具数量、布置形式及安装位置，掌握灯具符号的作用及安装位置，掌握灯具符号的作用及标示方法，掌握灯具绘制的方法。

2. 水电路、开关、插座绘制

（1）水管绘制　根据平面施工图，查看水管施工图样张──绘制冷热水管──绘制冷热水管接头──绘制冷热管道及节点──绘制其他给排水管道──绘制给排水图例说明──整理检查图纸──完成绘制。如图 5-16 所示。

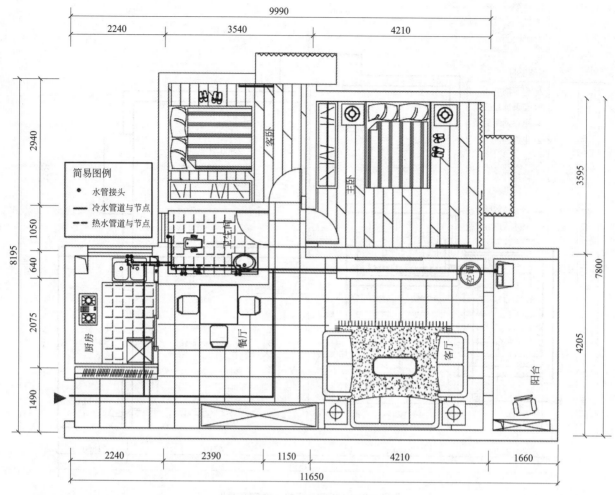

图 5-16　水管施工图绘制

（2）电路及开关绘制　根据顶面施工图，查看顶面图样张——绘制开关安装位置——绘制灯具照明控制连接线——将灯具照明控制连线与开关连接——绘制灯具图例说明——绘制开关图例说明——整理检查图纸——完成绘制。如图 5-17 所示。

① 开关安装说明：一般接线规定，同一场所的开关切断位置应一致，且操作灵活，接点接触可靠电器，灯具的相线应经开关控制。多联开关不允许拱头连接，应采用 LC 型压接帽压接总头后，再进行分支连接。

② 开关安装规定：距门口为 150～200m，且拉线的出口应向下。扳把开关距地面的高度为 1.4m，距门口为 150～200m，开关不得置于单扇门后。安装开关的面板应端正、严密并与墙面平齐，开关位置应与灯位相对应，同一室内开关方向应一致。

（3）插座绘制　根据顶面施工图，设计绘制电器所需的插座安装位置，如图 5-18 所示。

① 插座安装规定：安装插座距地面不应低于 30cm，同一室内安装的插座高低差不应大于 5m，成排安装的插座高低差不应大于 2m，安装的插座应有专用盒，盖板应端正严密并与墙面平齐。落地插座应有保护盖板，按接线要求，将盒内甩出的导线与开关、插座的面板连接好，将开关或插座推入盒内（如果盒子较深，大于 2.5cm 时，应加装套盒），对正盒眼，用螺钉固定牢固。固定时要使面板端正，并与墙面平齐。

② 插座接线：单相三孔及三相交、直流或不同电压的插座安装在同一场所时，应有明显区别，且其插头与插座配套，均不能互相代用。插座箱多个插座导线连接时，不允许拱头连接，应采用 LC 型压接帽压接总头后，再进行分支线连接。

③ 安装开关、插座准备：先将盒内甩出的导线留出维修长度，削出线芯，注意不要碰伤线芯。将导线按顺时针方向盘绕在开关、插座对应的接线柱上，然后旋紧压头。如果是独芯导线，也可将线芯直接插入接线孔内，再用顶丝将其压紧。

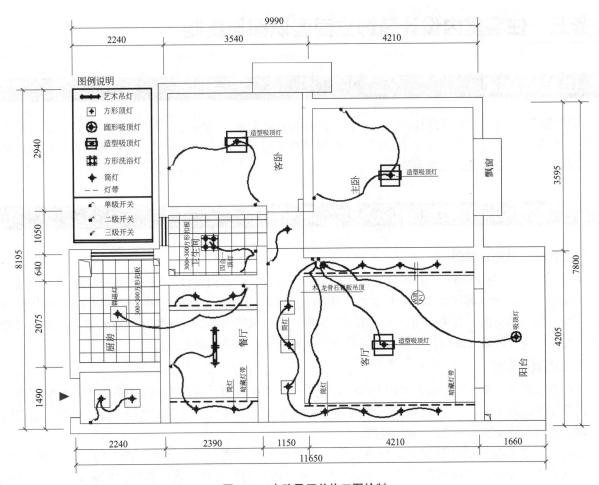

图 5-17　电路及开关施工图绘制

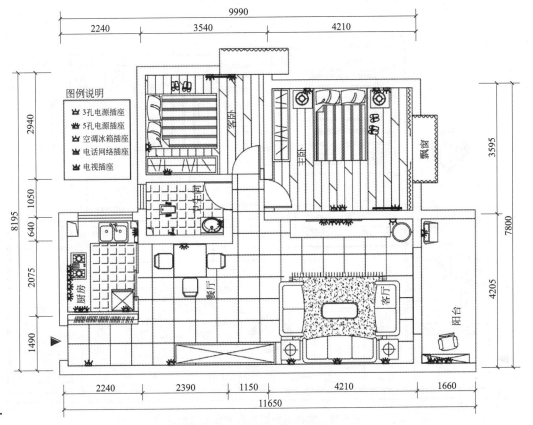

图 5-18　插座安装施工图绘制

任务五　住宅室内设计装饰立面图识图与绘制

一、立面图的形成

在与建筑立面平行的铅垂投影面上做的投影图称为建筑立面，简称立面图。建筑物是否美观，是否与周围环境协调，在于建筑物立面艺术处理，包括建筑物造型、尺度、装饰材料、色彩等内容，它们也是施工图绘制的内容、更是施工的重要依据。

二、住宅室内设计装饰立面图的分类和立面索引符号

1. 室内设计装饰立面图

本任务主要以现代城市中心高密度建筑住宅为主，展现家居室内设计不同功能立面。家居室内设计立面图按功能可以分为：客厅立面、餐厅立面、主卧立面、客卧立面、厨房立面、卫生间立面、阳台立面、书房立面、储物间立面、玄关立面、入户花园立面等。通过家居室内设计装饰立面图的学习，使大家能够识读住宅室内设计装饰立面图，并掌握住宅室内设计装饰立面图的绘制方法。

2. 立面索引符号

立面索引符号表示室内立面在平面上的位置及立面图所在页码，应在平面图上使用立面索引符号。家居室内设计平面施工图上，一般标有一个指示方位的立面图索引符号，立面图的绘制是依据该立面索引符号来确定室内不同功能房间立面的具体位置。

本任务讲述的室内设计装饰立面图内容为全套图纸，立面索引符号在平面图上的应用如图 5-19 所示。立面索引符号分为单面内视符号、双面内视符号、四面内视符号、索引符号的扩展使用，如图 5-20 所示。

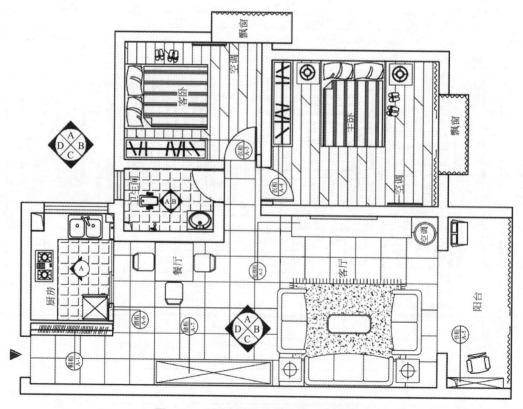

图 5-19　立面索引符号在平面图上的应用

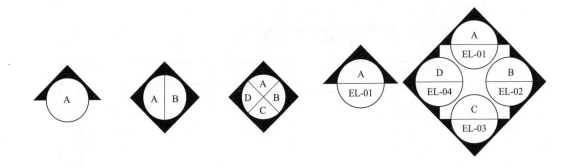

(a) 单面内视符号　　(b) 双面内视符号　　(c) 四面内视符号　　(d) 索引符号的扩展使用

图 5-20　立面索引符号

三、住宅室内设计装饰立面图的识图与绘制

（一）客厅立面图识图与绘制

客厅是家居室内的起居室，是人们生活的主要场所，客厅立面装饰设计起着给人第一印象的重要作用。客厅立面图主要分为电视背景墙立面、沙发背景墙立面等，如图 5-21、图 5-22 所示。

1. 客厅立面图的内容

（1）通过定位轴线及编号，表明客厅立面位置及其建筑结构的相互关系，标明客厅立面空间的结构形式、形状和长宽尺寸。

（2）标明客厅立面门窗的位置、立面尺寸、门洞位置及立面造型图案。

（3）标明客厅立面楼地面层、墙裙、隔断、装饰柱、吊顶造型、踢脚线、角线等装饰结构的立面造型和位置。

（4）标明客厅立面家具、电器设备、开关插座、织物、窗帘、灯具、摆设、绿化等立面图的位置，并说明数量、规格和要求。

（5）标明客厅立面装饰结构或配套布置的尺寸。

（6）标明客厅立面视图符号，如剖切符号、索引符号等。

（7）标明客厅立面的装饰材料及文字说明并写出规格，根据需要可以单独绘制节点详图。

2. 客厅立面图识图

（1）识别客厅立面图中的制图符号，掌握制图符号的作用，根据制图符号的指示与要求，详细识读施工图纸，对施工做进一步的准备。

（2）识别客厅立面主要装修位置，规划客厅立面的梁柱位置、吊顶造型、开关位置、插座位置、空调装机位置等。

（3）识别尺寸。根据立面位置了解客厅立面的具体尺寸，掌握客厅家具、电器摆件、软装、装饰摆件等今后安装的大致位置、具体规格、数量等。

（4）识别客厅立面造型设计及材料规格、灯具形状、灯具规格、灯具数量、照明情况等。

3. 客厅立面图绘制

根据平面施工图，查看客厅立面图样张——设置图形界限及图层——绘制轴线——绘制墙体线——绘制梁柱结构立面——绘制客厅立面造型图案——绘制家具、电器、灯具、装饰摆件等立面造型图案——填充立面造型材质机理——标注立面详细尺寸——标注立面材料及文字说明——整理检查图纸——完成绘制。如图 5-21、图 5-22 所示。

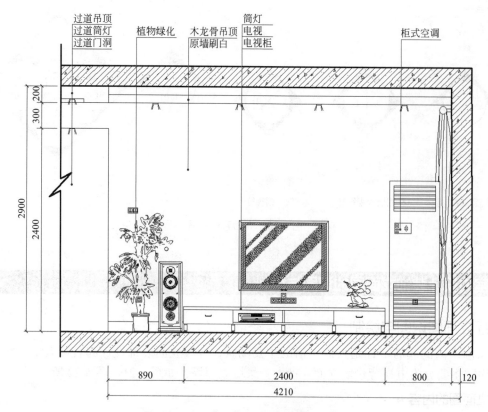

图 5-21 客厅立面 A（电视背景墙立面）

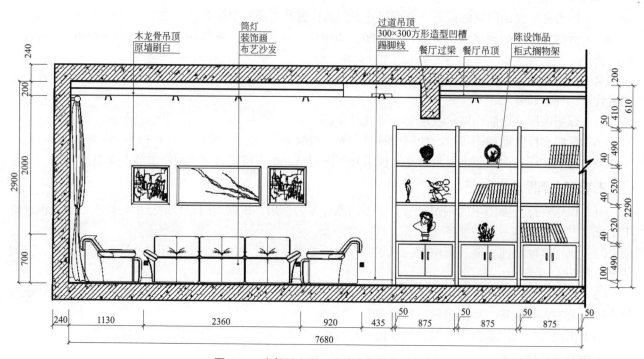

图 5-22 客餐厅立面 C（沙发背景墙立面）

（二）餐厅立面图识图与绘制

餐厅是家居室内的起居室，是人们吃饭的主要场所。餐厅装饰立面主要有餐厅壁柜立面、餐桌椅等，如图 5-22、图 5-23 所示。

1. 餐厅立面图的内容

（1）通过定位轴线及编号，表明餐厅立面位置及其建筑结构的相互关系，标明餐厅立面空间的结构形式、形状和长宽尺寸。

（2）标明餐厅门窗的位置、立面尺寸、门洞位置及立面造型图案。

（3）标明餐厅立面楼地面层、墙裙、隔断、装饰柱、吊顶造型、踢脚线、角线等装饰结构的立面造型和位置。

（4）标明餐厅立面家具、电器设备、开关插座、灯具、装饰小品、绿化等在立面图上的位置，并说明数量、规格和要求。

（5）标明餐厅立面装饰结构或配套布置的尺寸。标明餐厅立面视图符号，如剖切符号、索引符号等。标明餐厅立面的装饰材料及文字说明并写出规格。

2. 餐厅立面图识图

（1）识别餐厅立面图中的制图符号，掌握制图符号的作用，根据制图符号的指示与要求，详细识读施工图纸，对施工做进一步的准备。

（2）识别餐厅立面主要装修位置，规划餐厅立面的梁柱位置、吊顶造型、开关位置、插座位置、空调装机及其他电器安装位置等。

（3）识别尺寸。根据立面位置了解餐厅立面的具体尺寸，掌握餐厅家具、电器、软装、装饰摆件等安装的大致位置、具体规格、数量等。

（4）识别餐厅立面造型设计及材料规格、灯具形状、灯具规格、灯具数量、灯具照明情况等。

3. 餐厅立面图绘制

根据平面施工图，查看餐厅立面图样张——设置图形界限及图层——绘制轴线——绘制墙体线——绘制梁柱结构立面——绘制餐厅立面造型图案——绘制餐厅家具、电器、灯具等立面造型图案——填充立面造型材质机理——标注餐厅立面详细尺寸——标注立面材料及文字说明——整理检查图纸——完成绘制。如图 5-22、图 5-23 所示。

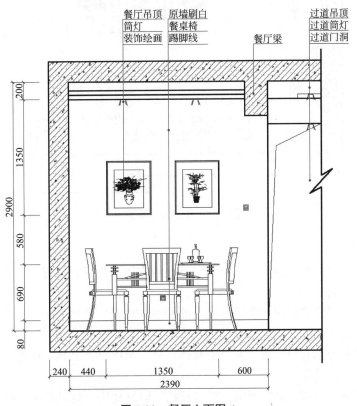

图 5-23　餐厅立面图 A

（三）卧室立面图识图与绘制

卧室一般分为主卧、客卧，是家居室内的休息室，具有一定的私密性，要求舒适。卧室立面图装饰设计关系着"健康舒适"的重要作用。卧室装饰立面主要包括床头立面、衣柜立面、梳妆立面等。如图5-24～图5-26所示。

1. 卧室立面图的内容

（1）通过定位轴线及编号，表明卧室立面位置及其建筑结构的相互关系，标明卧室立面图空间的结构形式、形状和长宽尺寸。

（2）标明卧室门窗的位置、立面尺寸，立面造型图案，衣柜内部结构详图。

（3）标明卧室立面楼地面层、墙裙、隔断、装饰柱、吊顶造型、踢脚线、角线等装饰结构的立面造型和位置。

（4）标明卧室立面家具、电器设备、开关插座、灯具、装饰小品、绿化、织物等在立面图上的位置，并说明数量、规格和要求。

（5）标明卧室立面装饰结构或配套布置的尺寸。标明卧室立面视图符号，如剖切符号、索引符号等。标明卧室立面的装饰材料及文字说明并写出规格。

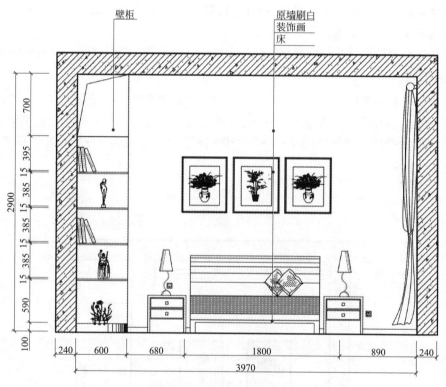

图 5-24　主卧室立面图 A

2. 卧室立面图识图

（1）识别卧室立面图中的制图符号，掌握制图符号的作用，根据制图符号的指示与要求，详细识读施工图纸，对施工做进一步的准备。

（2）识别卧室立面主要装修位置，掌握卧室立面的梁柱位置、吊顶造型、开关位置、插座位置、空调装机及其他电器安装位置等。

（3）识别尺寸。根据卧室立面位置了解卧室具体尺寸，掌握卧室家具、电器、软装、装饰摆件等安装的大致位置、具体规格、数量等。

（4）识别卧室立面造型设计及材料规格、灯具形状、灯具规格、灯具数量、灯具照明情况等。

（5）识别卧室衣柜内部结构详图、内部结构尺寸图，掌握衣柜施工图的详细情况。

3. 卧室立面图绘制

根据平面施工图，查看卧室立面图样张——设置图形界限及图层——绘制轴线——绘制墙体线——绘制梁柱结构立面——绘制餐厅立面造型图案——绘制卧室家具、电器、灯具等立面造型图案——填充立面造型材质机理——标注卧室立面详细尺寸——标注立面材料及文字说明——整理检查图纸——完成绘制。如图 5-24、图 5-25 所示。

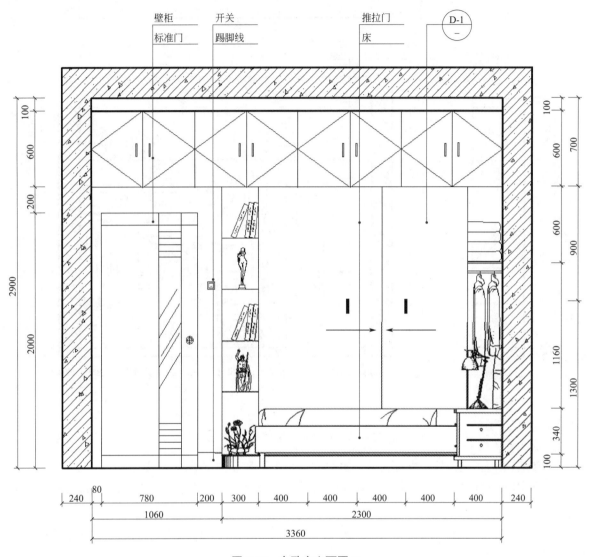

图 5-25 主卧室立面图 D

4. 卧室衣柜立面图绘制

根据平面施工图，查看卧室衣柜立面图样张——设置图形界限及图层——绘制轴线——绘制衣柜平面图——绘制衣柜立面图——绘制衣柜内部结构立面——绘制衣柜内部用品放置立面——填充立面造型材质机理——标注衣柜内部立面详细尺寸——标注立面材料及文字说明——整理检查图纸——完成绘制。如图 5-26 所示。

（四）阳台立面图识图与绘制

阳台是家居室内集活动、晾晒、洗涤、采光、休闲于一体的地方，具有一定的开敞空间。阳台立面图装饰设计关系着小面积"空间互动"的重要功能，如图 5-27 所示。

1. 阳台立面图的内容

（1）通过定位轴线及编号，表明阳台立面位置及其建筑结构的相互关系，标明阳台（书房）立面图空间的结构形式、形状和长宽尺寸。

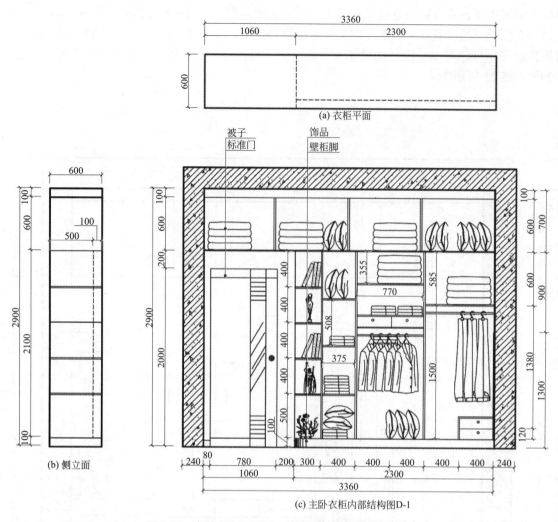

图 5-26　主卧室衣柜平面、侧立面、内部结构图 D-1

（2）标明阳台门窗的位置、立面尺寸，家具立面造型图案、内部结构详图。

（3）标明阳台立面楼地面层、墙裙、隔断、装饰柱、吊顶造型、踢脚线、角线等装饰结构的立面造型和位置。

（4）标明阳台立面家具、电器设备、开关插座、灯具、装饰小品、绿化、织物等立面图的位置，并说明数量、规格和要求。

（5）标明阳台立面装饰结构或配套布置的尺寸。标明阳台立面视图符号，如剖切符号、索引符号等。标明阳台立面的装饰材料及文字说明并写出规格。

2. 阳台立面图识图

（1）识别阳台立面图中的制图符号，掌握制图符号的作用，根据制图符号的指示与要求，详细识读施工图纸，对施工做进一步的准备。

（2）识别阳台立面主要装修位置，掌握阳台立面的梁柱位置、书柜尺寸、吊顶造型、开关位置、插座位置、给排水管及其他电器安装位置等。

（3）识别尺寸。根据阳台立面位置了解阳台具体尺寸，掌握阳台家具、电器、软装、装饰摆件、立面造型设计及材料规格、灯具照明情况等安装的大致位置、具体规格、数量等。

3. 阳台（书房）立面图绘制

根据平面布置图，查看阳台（书房）立面图样张──→设置图形界限及图层──→绘制轴线──→绘制墙体线──→绘制吊柜、书架、电脑桌平面──→绘制吊柜立面──→绘制书架立面──→绘制电脑桌立面──→绘制电器、开关立面—→绘制电脑桌剖面—→填充立面造型材质机理—→标注阳台（书房）立面详细尺寸—→标注阳台（书房）立面材料及文字说明—→整理检查图纸—→完成绘制。如图5-27所示。

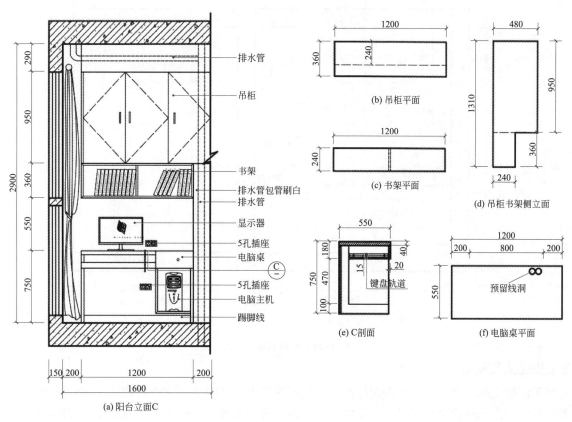

图 5-27　阳台立面 C 及平面、剖面图

（五）厨房立面图识图与绘制

厨房是家居室内的洗菜、做饭的地方，具有一定的专业功能，是集给水、排水、燃气、油烟排放的集中空间，施工较为复杂。一般在绘制厨房等小面积空间立面的时候，可以多个立面同时绘制，如图5-28所示。

1. 厨房立面图的内容

（1）通过定位轴线及编号，表明厨房立面位置及其建筑结构的相互关系，标明厨房立面图空间的结构形式、形状和长宽尺寸。

（2）标明厨房门窗的位置、立面尺寸，家具立面，墙面铺贴立面，电器立面等造型图案。

（3）标明厨房立面楼地面层、烟管道、排水管道、燃气管道、装饰柱、吊顶造型、踢脚线、角线等装饰结构的立面造型和位置。

（4）标明厨房开关插座、灯具、装饰小品、绿化等在立面图上的位置，并说明数量、规格和要求。

（5）标明厨房立面装饰结构或配套布置的尺寸。标明厨房立面视图符号，如剖切符号、索引符号等。标明厨房立面的装饰材料及文字说明并写出规格。

2. 厨房立面图识图

（1）识别厨房立面图中的制图符号，掌握制图符号的作用，根据制图符号的指示与要求，详细识读施工图纸，对施工做进一步的准备。

（2）识别厨房立面主要装修位置，掌握厨房立面的梁柱位置、橱柜尺寸、墙砖造型、开关位置、插座位置、给排水管及其他电器安装位置等。

（3）识别尺寸。根据厨房立面位置了解厨房具体尺寸，掌握厨房家具、电器、橱柜、装饰摆件、立面造型设计及材料规格、灯具照明情况等安装的大致位置、具体规格、数量等。

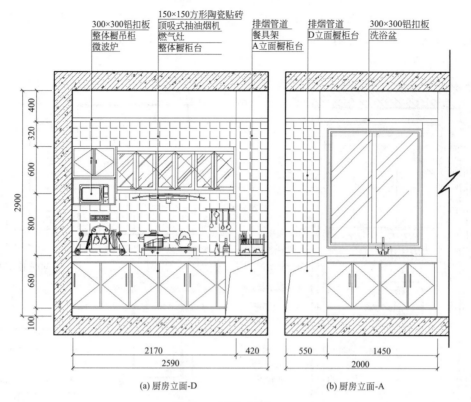

(a) 厨房立面-D   (b) 厨房立面-A

图 5-28　厨房立面 D、A

3. 厨房立面图绘制

根据平面施工图，查看厨房立面图样张──→设置图形界限及图层──→绘制轴线──→绘制墙体线──→绘制橱柜、厨房用具──→绘制厨房另一个立面──→绘制墙砖立面效果──→填充立面造型材质机理──→标注厨房立面详细尺寸──→标注厨房立面材料及文字说明──→整理检查图纸──→完成绘制。如图 5-28 所示。

（六）卫生间立面图识图与绘制

卫生间是家居室内洗浴、洗漱的地方，具有一定的专业功能空间。一般在绘制卫生间等小面积空间的立面图时，可以多个立面同时绘制。如图 5-29 所示。

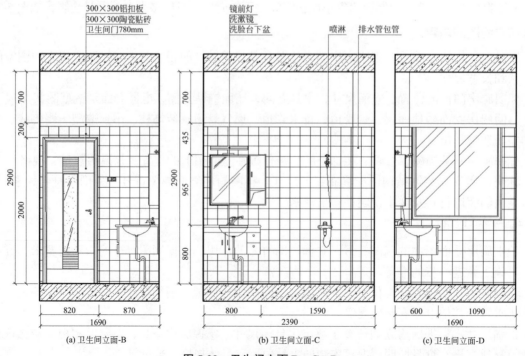

(a) 卫生间立面-B   (b) 卫生间立面-C   (c) 卫生间立面-D

图 5-29　卫生间立面 B、C、D

1. 卫生间立面图的内容

（1）通过定位轴线及编号，表明卫生间立面位置及其建筑结构的相互关系，标明卫生间立面图空间的结构形式、形状和长宽尺寸。

（2）标明卫生间门窗的位置、立面尺寸，洗浴洁具立面，卫生设备，墙面铺贴立面等造型图案，并说明数量、规格和要求。

（3）标明卫生间立面楼地面层、烟管道、排水管道、装饰柱、吊顶造型、开关插座、灯具、装饰小品立面图等装饰结构的立面造型和位置。

（4）标明卫生间立面装饰结构或配套布置的尺寸。标明卫生间立面视图符号，如剖切符号、索引符号等。标明卫生间立面的装饰材料及文字说明并写出规格。

2. 卫生间立面图识图

（1）识别卫生间立面图中的制图符号，掌握制图符号的作用，根据制图符号的指示与要求，详细识读施工图纸，对施工做进一步的准备。

（2）识别卫生间立面主要装修位置，掌握卫生间立面的梁柱位置、洗浴洁具尺寸、墙砖造型、开关位置、插座位置、给排水管及其他电器安装位置等。

（3）识别尺寸。根据卫生间立面位置了解卫生间具体尺寸，掌握卫生间洗浴洁具、电器、洗浴组合柜、装饰摆件、立面造型设计及材料规格、灯具照明情况等安装的大致位置、具体规格、数量等。

3. 卫生间立面图绘制

根据平面施工图，查看卫生间立面图样张──设置图形界限及图层──绘制轴线──绘制墙体线──绘制洗浴洁具──绘制卫生间其他立面──绘制墙砖立面效果──填充立面造型材质机理──标注卫生间立面详细尺寸──标注卫生间立面材料及文字说明──整理检查图纸──完成绘制。如图 5-29 所示。

思考题

1. 什么是室内设计平面图？
2. 什么是室内设计顶面图？
3. 什么是室内设计立面图？
4. 什么是室内设计大样图？
5. 什么是室内设计剖面图？
6. 什么是水电、开关插座图？
7. 家居室内设计平面图如何绘制？
8. 家居室内设计顶面图如何绘制？
9. 家居室内设计立面图如何绘制？
10. 家居室内设计水电、开关插座图如何绘制？

实操题

如图 5-30 所示为两居室户型。
1. 根据所学，完成该户型平面施工图绘制。
2. 根据所学，完成该户型顶面施工图的设计创作绘制。
3. 根据所学，完成该户型水电、开关、插座施工图绘制。
4. 根据所学，完成该户型各房间立面图设计创作绘制。

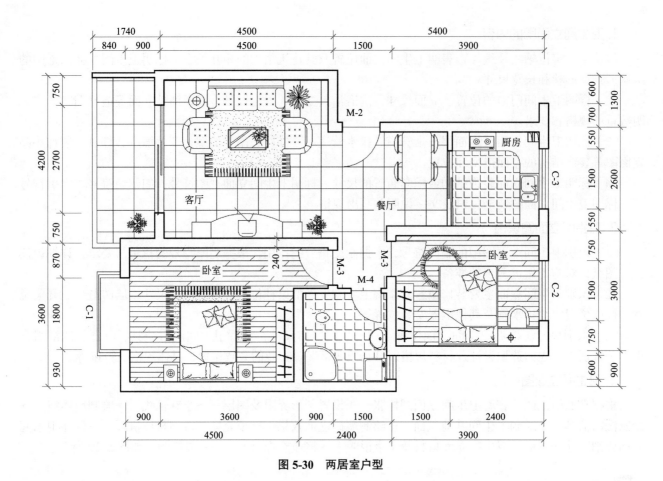

图 5-30　两居室户型

 项目描述

本项目以某会议室实际工程全套图纸作为办公空间设计施工图识图与绘制项目，以会议室设计平面图、顶面图、开关插座图、立面图、剖面大样图为任务驱动，依据工程的施工顺序展开会议室施工图的识图与实操绘制。

 学习目标

掌握办公空间的基础知识，了解办公空间与家居空间的区别。能识读办公空间工程施工图的内容，熟练掌握办公空间设计施工图的绘制技巧。

工作任务

通过计算机实例操作演示会议室各工程图的绘制技巧；通过会议室各施工图绘制实践，从而熟练掌握会议室设计施工图的识图与绘制。

办公空间设计是对空间合理地进行布局。办公空间设计需要考虑多方面的问题，涉及科学、技术、人文、艺术等诸多因素。办公空间设计目标是为工作人员创造一个舒适、方便、卫生、安全、高效的工作环境，以便更大限度地提高员工的工作效率。

办公空间具有不同于普通住宅的特点，它是由办公区域、会议室、走廊三个部分来构成内部空间使用功能的。办公空间从有利于办公组织以及采光通风等角度考虑，其进深通常为9m。办公空间的最大特点是公共化，这个空间要照顾到人们的审美需求和功能要求。

本项目以某会议室实际工程为案例，使大家掌握办公空间设计平面图、顶面图、电器图、立面图、剖面详图等施工图的识图能力，熟练掌握运用 AutoCAD 绘制办公空间设计平面图、顶面图、电器图、立面图、剖面详图的方法。

任务一　办公空间认识

一、办公空间的概念

办公空间是指人们由于办公需要提供的工作环境，办公空间设计是对空间合理地进行布局，如图 6-1。

6.1 办公空间某会议室

图 6-1 办公空间某会议室

二、办公空间的分类

1. 按办公空间的业务性质分类

（1）行政办公空间 行政办公空间是指党政机关、事业单位、工矿企业的办公空间，其特点是部门多、分工具体，工作性质主要是进行行政管理和政策指导，单位形象的特点是严肃、认真、稳重。设计风格多以朴素、大方、实用为主，具有一定的时代感。

（2）商业办公空间 商业办公空间指商业和服务单位的办公空间，以与企业形象统一的风格设计作为办公空间的形象，因商业经营要考虑顾客的感受，所以办公空间装修都较讲究和注重形象塑造。

（3）专业性办公空间 专业性办公空间是指各专业单位所使用的办公空间，一般是行政单位或者是企业。这类办公空间具有较强的专业性，如设计机构、科研部门及商业、贸易、金融、保险等行业的办公空间。

（4）综合性办公空间 综合性办公空间是指以办公空间为主，同时包含服务业、旅游业、工商业等，其办公空间的设计与其他办公空间相同。

2. 按办公空间的布局形式分类

（1）单间式办公空间 单间式办公空间是以部门或者工作性质为单位，分别安排在不同大小和形状的房间中。政府机构的办公空间多为单间式布局，各个空间独立，相互干扰较小，灯光、空调等系统可独立控制。单间式办公室根据需要使用的不同可分为：全封闭式、透明式、半透明式。

（2）单元式办公空间 单元式办公空间是指由接待空间、办公空间、专用卫生间以及服务空间等组成的相对独立的办公空间形式。如有晒图、文印、资料展示甚至会议室等。单元式办公空间能充分运用大楼内各项服务设置，又具有相对独立性。

（3）公寓式办公空间 公寓式办公空间是办公与居住一体化的设计，在平面单元内复合了办公功能与居住功能，由统一物业管理，根据使用要求，可由一种或数种平面单元组成。单元内设有办公、会客空间和卧室、厨房和厕所等房间的办公楼。

（4）开敞式办公空间 开敞式办公空间也叫作开放式办公室，开敞式办公室大面积开敞，多用低矮隔断分隔办公桌。也就是不设私密的独立办公室，所有人在一间大办公室工作，各工位之间只有简单的隔板分隔。可以节省空间，同时装修、照明、空调、信息线路等设施容易安装，费用相对较低。

（5）景观办公空间 景观办公空间是在空间布局上创造出的一种非理性的、自然而然的，具有宽容、自在心态的空间形式，即"人性化"的空间环境。这种方式通常采用不规则的桌子摆放方式，室内色彩以和谐、淡雅为主，并用盆栽植物，较矮的屏风、橱柜等进行空间分割。

任务二　办公空间设计平面施工图识图与绘制

一、办公空间设计平面施工图的内容和识图

办公空间设计平面布置是办公空间的主要规划布局，是办公空间地面的交通、水电等后期的工程施工的重要依据。平面施工图上包括办公家具、地面材料、规格尺寸、平面索引符号等内容，如图 6-2 所示。

1. 办公空间设计平面施工图的内容

（1）通过定位轴线及编号，表明办公空间平面位置及其建筑结构的相互关系，标明办公空间平面的结构形式、形状和长宽尺寸。

（2）标明办公空间平面设计门窗的位置、平面尺寸，陈设家具、地面铺贴等平面造型图案，并说明数量、规格和要求。

（3）标明办公空间平面设计楼地面层高、管道、梁柱、地面插座、电器、绿化、装饰小品等装饰结构的平面造型和位置。

（4）标明办公空间平面设计装饰结构或配套布置的尺寸；标明平面索引符号，如剖切符号、索引符号、内视符号等；标明办公空间设计平面装饰材料及文字说明等。

2. 办公空间设计平面施工图的识图

（1）识别办公空间设计平面图主要装修位置，掌握办公空间平面图上的梁柱位置、门窗位置、家具摆放位置和尺寸等。

（2）识别办公空间设计平面图中的制图符号，掌握制图符号的作用，根据制图符号的指示与要求详细识读施工图纸。

（3）根据办公空间设计平面位置了解尺寸，掌握办公空间电器、家具、装饰摆件、平面造型、材料、窗帘等安装的大致位置。

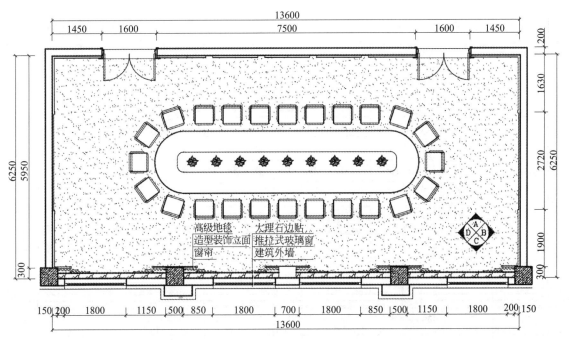

图 6-2　会议室平面施工图

二、办公空间设计平面施工图绘制

设置图形界限及创建图层──→绘制轴线──→绘制墙体线（图6-3）──→绘制会议室家具──→绘制会议室绿化──→绘制会议室地面铺贴──→标注会议室尺寸（图6-4）──→标注会议室材料及文字说明──→整理检查图纸──→完成绘制（图6-5）。

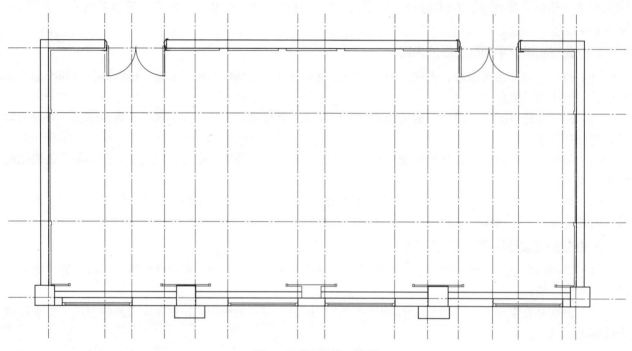

图6-3 绘制轴线、墙体

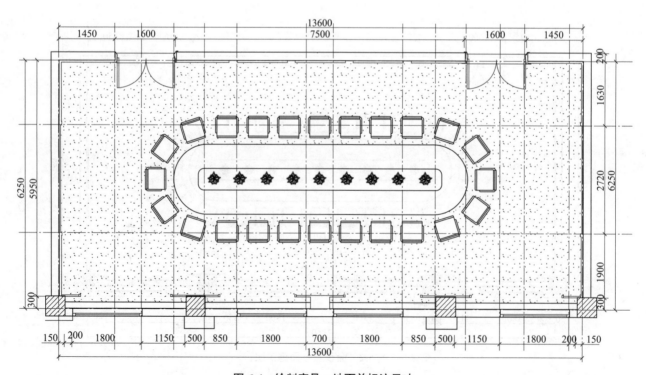

图6-4 绘制家具、地面并标注尺寸

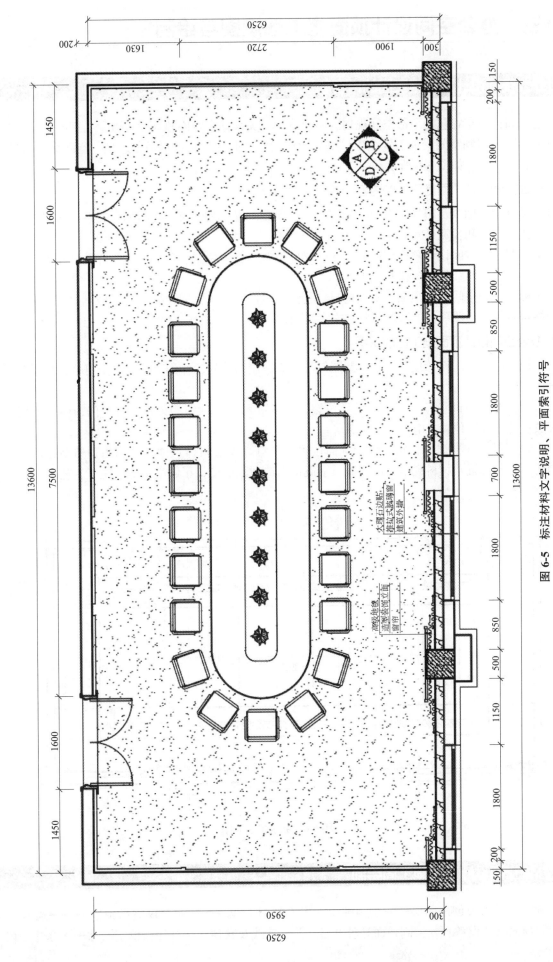

图 6-5　标注材料文字说明、平面索引符号

任务三　办公空间设计顶面施工图识图与绘制

一、办公空间设计顶面施工图的内容和识图

办公空间顶面布置包括顶部空间规划、照明设计，关系办公空间整体设计效果、照明效果，与地面布局相呼应，间接起到空间交通、安全出口引导的作用。顶面施工图包括吊顶造型、空间交通引导、消防、暖通设备、照明等，如图 6-6 所示。

1. 办公空间设计顶面施工图的内容

（1）通过定位轴线及编号，表明办公空间设计顶面位置及其建筑结构的相互关系，标明办公空间顶面的结构形式、形状和长宽尺寸。

（2）标明办公空间设计顶面门窗的位置、梁柱位置、管道位置、顶面尺寸、灯具、开关、电路、顶面造型图案等，并说明数量、规格和要求。

（3）标明办公空间设计顶面装饰结构与灯具位置定位尺寸。标明顶面索引符号，如剖切符号、索引符号、内视符号等。标明顶面的装饰材料及文字说明等。

2. 办公空间设计顶面施工图的识图

（1）识别办公空间设计顶面图中的制图符号，掌握制图符号的作用，根据制图符号的指示与要求，详细识读施工图纸。

（2）识别办公空间设计顶面主要装修位置，掌握展示设计顶面的梁柱位置、门窗位置、展示家具尺寸、开关位置、插座位置及电器安装位置等。

（3）识别尺寸，根据办公空间设计顶面位置了解灯具安装具体尺寸，掌握吊顶造型、灯具、暖通设备、消防等安装位置及材料规格、数量等。掌握顶面造型剖面图，了解吊顶造型施工工艺。

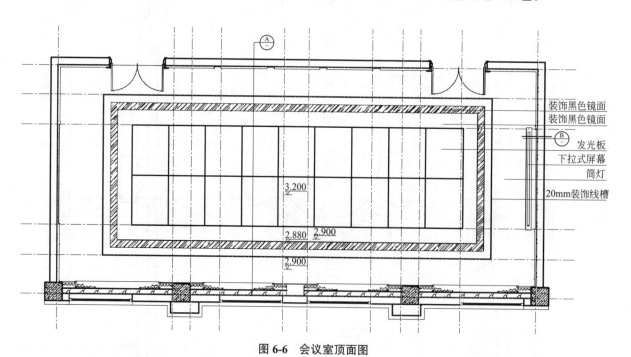

图 6-6　会议室顶面图

二、办公空间设计顶面施工图绘制

设置图形界限及创建图层━━➤绘制轴线━━➤绘制墙体线━━➤绘制会议室吊顶造型━━➤绘制顶面灯具━━➤绘制顶面其他设备━━➤绘制顶面灯具电路开关、连线及其他━━➤标注会议室尺寸━━➤标注会议室设计

材料及文字说明──→整理检查图纸──→完成绘制。如图 6-7、图 6-8 所示。

6.2 会议室顶面施工图墙体绘制

6.3 会议室顶面施工图造型绘制

6.4 会议室顶面施工图灯具及其它绘制

6.5 会议室顶面施工图文字标注及最后调整

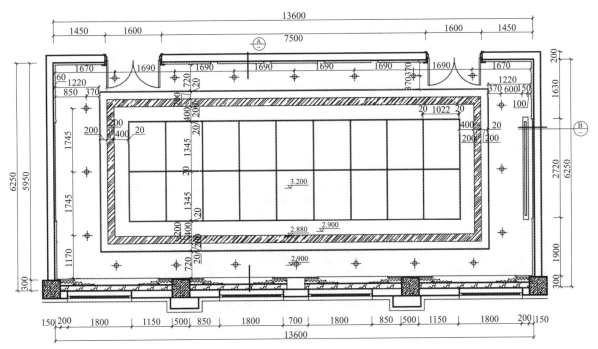

图 6-7 会议室顶面定位图

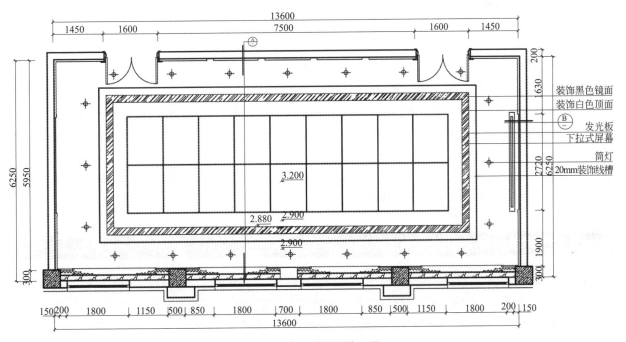

图 6-8 会议室顶面施工图

任务四 办公空间设计开关、插座施工图识图与绘制

一、办公空间设计开关、插座施工图的内容和识图

办公空间设计开关、插座施工图，是重要的基础工程，直接关系到工程验收后的功能使用。电气施工图包括灯具、插座、开关、标识符号等内容，如图6-9所示。

图例	图例说明	备注
 ⊕	筒灯	筒灯一般有大(5in)、中(4in)、小(2.5in)三种，筒灯有横插和竖插两种。按安装方式分为嵌入式筒灯与明装式筒灯
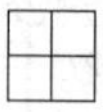 ⊞	发光板	面板灯，外型尺寸规格：1200mm×300mm、300mm×300mm、300mm×600mm、600mm×600mm、600mm×1200mm，可镶嵌于天花板、墙壁和安装体表面
—	筒灯连线	
	平面图插座	
	立面图五孔插座	插座距地面不应低于30cm，同一室内安装的插座高低差不应大于5mm；成排安装的插座高低差不应大于2mm
	平面图开关	
	立面图开关	距地面的高度为1.4m，距门口为150~200mm；开关不得置于单扇门后。成排安装的开关高度应一致，高低差不大于2mm

注：1in=2.54cm。

图6-9 会议室开关、插座图例

1. 办公空间设计开关、插座施工图的内容

（1）标明尺寸定位轴线及编号，标明办公空间设计墙体门窗的位置、顶面梁柱位置、管道位置、吊顶造型等。

（2）标明办公空间的灯具、开关、电路、消防喷淋、烟感器、空调风口、检修口、电路开关联线、插座位置及其他设备图例。标明电路开关、插座等图例表，并详细说明规格要求等。

2. 办公空间设计电路开关、插座施工图的识图

（1）识别办公空间设计开关、插座图制图符号，掌握电气制图符号的作用，根据制图符号的指示与要求，详细识读施工图纸。识别办公空间设计电气图的梁柱、门窗、开关、插座、给排水管道及其他电器安装位置等。

（2）识别尺寸，根据办公空间设计开关、插座图位置了解安装尺寸，掌握灯具、开关、插座等设备安装及规格、数量。掌握电气安装的基本知识。

二、办公空间设计开关、插座施工图绘制

设置图形界限及创建图层→绘制轴线→绘制墙体线→绘制会议室设计顶面→绘制会议室灯具→绘制会议室开关→绘制会议室灯具连线→绘制会议室插座→标注会议室灯具定位尺寸→绘制会议室电气图例（图6-9）→整理检查图纸→完成绘制。如图6-10所示。

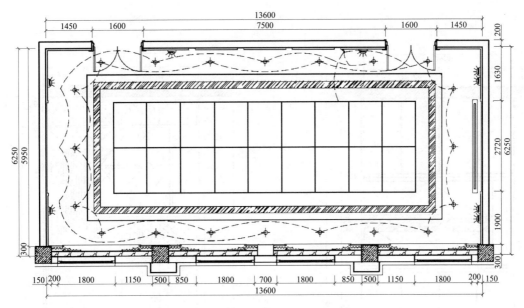

图 6-10　会议室开关、插座示意图

任务五　办公空间设计立面图识图与绘制

一、办公空间设计立面图的内容和识图

办公空间立面即各墙面造型和设计，直接关系办公空间美观和规划，影响直观的视觉效果。办公空间立面包括墙面造型、灯具照明、插座、开关、标识符号、商品储柜等，如图6-11～图6-14所示。

1. 办公空间设计立面图的内容

（1）定位轴线及编号，标明办公空间设计立面门窗的位置、梁柱位置、管道位置、立面尺寸、立面剖切吊顶造型、家具立面、立面墙体造型、灯具、开关、电路、消防、暖通设备等。

（2）标明办公空间设计立面装饰结构与尺寸。标明立面索引符号，如剖切符号、索引符号、内视符号等。标明办公空间设计立面的装饰材料及文字说明。

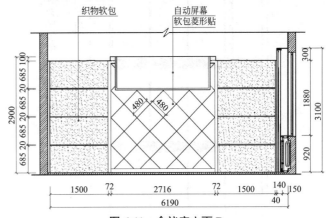

图 6-11　会议室立面 B

2. 办公空间设计立面图的识图

（1）识别办公空间设计立面图中的尺寸、制图符号，识别展示设计立面的梁柱、门窗、开关、插座及其他电器安装位置等。

（2）识别办公空间设计立面造型设计，了解立面造型设计材料施工工艺，掌握灯具、开关、插座、设备、消防等安装位置。

二、办公空间设计立面图绘制

设置图形界限及创建图层——绘制轴线——绘制立面墙体线——绘制会议室设计立面家具——绘制会议室设计立面其他设备——标注会议室设计尺寸——标注会议室设计材料及文字说明——整理检查图纸——完成绘制。

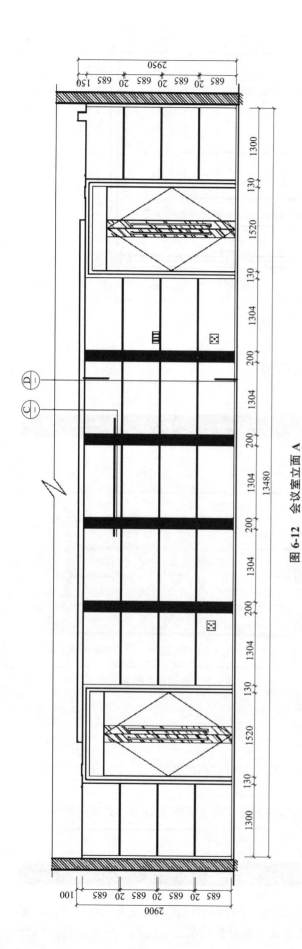

图 6-12 会议室立面 A

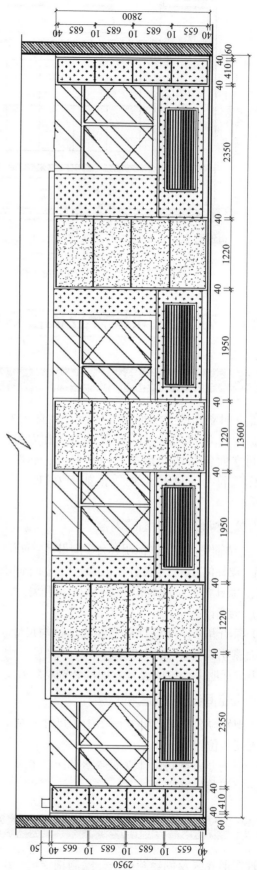

图 6-13 会议室立面 C

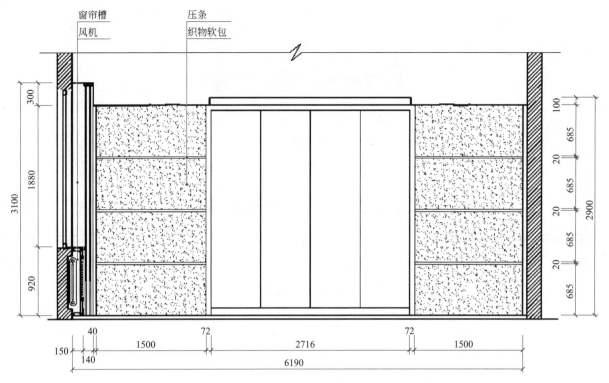

图 6-14 会议室立面 D

任务六　办公空间设计剖面图、大样图识图与绘制

一、办公空间设计剖面图、大样图的内容和识图

办公空间设计的剖面图是工程施工图的重要施工依据，能直观地了解到造型设计内部构造，指导施工人员准确开展施工。大样图是对构造的细部或构配件，用放大的比例将其形状、大小、材料和做法详细地绘制出来。如图 6-15 ～图 6-18 所示。

1. 办公空间设计剖面图、大样图的内容

（1）剖切墙体线及编号，剖切位置、孔、洞、槽内部情况，剖切面材料表达，尺寸，线型，构造等。

（2）办公空间设计剖面图、大样图尺寸，剖切图符号、索引符号、详图符号、材料、文字说明等。

2. 办公空间设计剖面图、大样图的识图

（1）识别办公空间设计剖面图、大样图中的制图符号，详细识读施工图纸，识别孔、洞、槽内部情况、结构构造情况等。

（2）识别办公空间设计剖面图、大样图位置尺寸，掌握孔、洞、槽内部结构构造位置及材料构件，掌握构造施工工艺。

二、办公空间设计剖面图、大样图绘制

设置图形界限及创建图层──绘制轴线──根据平面图、顶面图、立面图，查看会议室剖面图符号──绘制会议室剖面 A ──绘制会议室剖面 B ──绘制会议室剖面 C ──绘制会议室剖面 D ──绘制会议室大样图 1 ──绘制会议室大样图 2 ──标注尺寸──标注文字及材料说明──检查图纸──完成绘制。

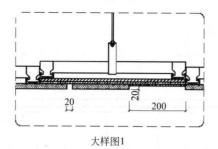

大样图1

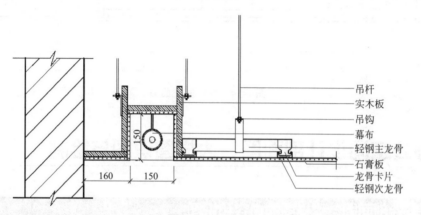

图 6-15　剖面 A

吊杆
实木板
吊钩
幕布
轻钢主龙骨
石膏板
龙骨卡片
轻钢次龙骨

图 6-16　剖面 B

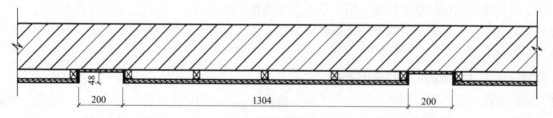

图 6-17　剖面 C

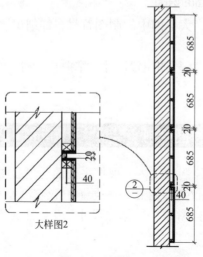

大样图2

图 6-18　剖面 D

思考题

1. 办公空间设计的概念是什么？
2. 办公空间分哪几类？
3. 行政办公空间的要求是什么？
4. 办公空间的布局形式有哪些？
5. 办公空间的开关、插座施工图如何绘制？
6. 办公空间设计剖面图的作用是什么？
7. 办公空间设计平面图怎么绘制？
8. 办公空间设计顶面图怎么绘制？
9. 办公空间设计立面图怎么绘制？
10. 办公空间设计剖面图、大样图怎么绘制？

实操题

如图 6-19 所示为单人办公空间。

1. 根据所学，完成该办公空间的平面图绘制。
2. 根据所学，完成该办公空间的顶面施工图的设计创作绘制。
3. 根据所学，完成该办公空间电、开关、插座施工图绘制。
4. 根据所学，完成该办公空间的立面图设计创作绘制。

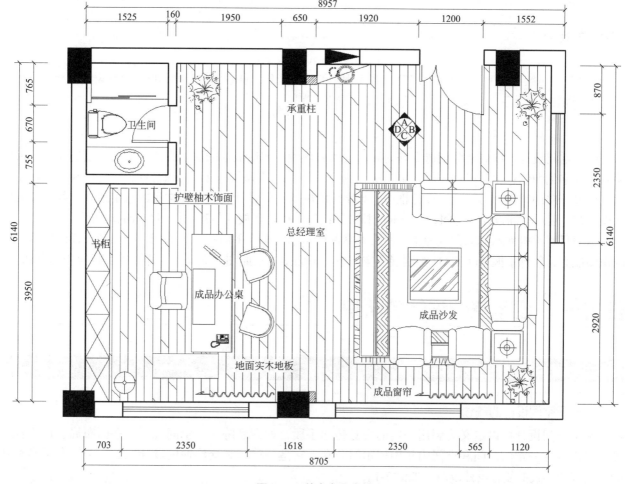

图 6-19　单人办公空间

 **项目描述**

本项目以某手机专卖店实际工程全套图纸作为展示空间设计施工图识图与绘制项目，以手机专卖店展示空间设计各工程施工图为任务驱动，依据施工进程展开手机专卖店展示空间设计施工图的识图与绘制。

 学习目标

掌握展示空间设计的基本知识，了解展示空间与办公空间、住宅空间的区别。能识读手机专卖店展示空间设计各工程施工图的内容，熟练掌握展示设计各施工图的绘制技巧。

 工作任务

通过计算机绘制施工图演示手机专卖店各工程图的绘制技巧；通过手机专卖店展示空间设计各施工图上机绘制，从而熟练掌握手机专卖店展示空间设计施工图的绘制。

展示空间设计可以概括为创造良好的展示空间和环境，创造最佳的展示方式和形象，创造和谐的人际关系。数字化和信息化时代到来后的第三次工业革命时代，展示空间设计的综合性、广泛性和社会性正在从三维设计向四维设计乃至超维设计推进，数字化的展示空间设计就是现在常见的数字展厅、各专卖店展厅设计等。展示空间设计是空间共存与时间持续的结合，也是开放性与参与性相结合的动态设计。

本项目以手机展示实际案例为主，使大家掌握展示空间设计平面图、顶面图、立面图、详图等施工图的识图能力，熟练掌握 AutoCAD 绘制展示空间设计平面图、顶面图、立面图、详图等实践应用的方法。

任务一　展示空间设计的认识

一、展示空间设计的概念和发展

1. 展示空间设计的概念

展示空间设计可以定义为利用一定的视觉传达手段，如商品陈列、空间规划、平面布局、灯光控制等，将内容在一定的时间和空间内集中展示给公众。它是一种与观众沟通的设计，是一个综合了多种功能、内容和形式的复合设计范畴。如图 7-1。

7.1 展示空间设计效果图

图 7-1　展示空间设计效果图

2.展示空间设计的发展趋势

随着中国经济的发展，新技术和新材料不断涌现，展示设计主题趋向于从一体化走向专业化，展示空间设计深层内涵不断提高，加上现代科学技术拓展了展示设计领域，使现代展示空间设计由物质转向非物质，从现实转向虚拟，从平面转向空间，从有限转向无限，促使现代展示设计呈现出了设计人性化、参与互动性、信息网络化、设计多样化以及虚拟现实化等新的特点和趋向。

二、展示空间设计的内容、功能与分类

（一）展示空间设计的内容

在特定的展示空间环境和范围内，有目的、有系统地展示各种展品，通过展品的组合展示某一思想主题、某一展览目的、反映事物本质的内在要素的总和。展示空间内容的要素要贯穿整个展示主题，引入主题要经过选择、加工或转化，包括人物、事件、环境等。比如根据整体风格创造想法，要考虑对象的形状、大小和高度以及与周围展示空间的关系，考虑展示环境的平面长度、宽度。包括采用静止的方法展示，如陈列柜、陈列架、隔板式、橱窗等，动态展示采用主动、操作、互动等方式。

（二）展示空间设计的功能

展示空间设计的功能包括展品布局的规划、合理设计的路线、接待空间、工作空间、储存空间、围护空间、展示空间的环境心理设计等。

（1）陈列品的排列方式：要考虑陈列展品的性质、陈列方式，是以欣赏为主、浏览为主、贸易为主、零售为主或其他为主，以此调整人流与通道的宽度。

（2）合理设计的路线：交通线分为有序线和无序线。整齐的线总是有贯穿大厅的干线，引导游客的参观路线，让人们充分参观展位，留下深刻的印象。无序线是更自由的运动，其优点是自由性强，交互性强。

（3）接待空间：接待空间是提供给顾客与参展商进行交流的空间，在设计中要与整个展示设计风格统一。

（4）工作空间：专为工作人员设置的空间。在大型的展览场所中，主办方也会设置类似的区域场所，一般设计较为简单。

（5）储存空间：就是提供商品及其它物资的存储空间，常以柜、抽屉、架的形式出现。

（6）展示空间的环境心理：就是空间给人的感受与行为之间的关系，不同空间对人的心理影响会不一样，从而使人能利用合理的空间来影响人的心理感受。

（三）展示空间设计的分类

展示空间的生动性比大众媒体广告更直接、更有感知力，更容易刺激购买行为和消费行为，近些年在商业展览活动中越来越重视，且在展厅设计中起着决定性的作用。展示空间设计种类繁多，可以按空间、目的、时间、形式、规模、室内室外等划分。

1. 按空间划分

常见的有结构空间、悬浮空间、虚拟空间、开放空间、封闭空间、动态空间六种。

（1）结构空间：指对结构外露部分进行形式感较强的设计，从而形成象征性的空间形态，从而领悟结构构思和建筑技巧所形成的空间优美环境。

（2）悬浮空间：垂直划分，上部空间的底部界面由吊杆悬挂，而不是由柱子或墙壁支撑。

（3）虚拟空间：也可以称为"心理空间"，因为所展示的虚拟空间没有完整的隔离形式，其强烈的限定性严重缺失。它只是形式和色彩揭示的一部分，是由联想和"视觉整体性"定义的空间。

（4）开放空间：展示空间的开放程度取决于侧接口的有无、侧接口的封闭程度、开口的大小以及开合的控制能力。与同面积的封闭空间相比，开放空间更大，给人一种更加开放、活跃、流动的感觉，是现代展示空间设计的常见形式。

（5）封闭空间：就是利用有限的高度来转动实体，使空间具有很强的隔离性。

（6）动态空间：展示设计的动态空间是让人们从一个运动的角度去观察周围的事物，把人们带到一个空间和时间相结合的"四维空间"。

2. 按目的划分

可以分为经济和人文两种。

（1）经济类：各种规模的商展空间设计、促销活动展示空间设计、交易会展示空间设计等。

（2）人文类：包括科学馆展示空间设计、纪念馆展示空间设计、美术馆展示空间设计、博物馆展示空间设计等。

3. 按时间划分

可以分为临时、短期、长期、永久几种。由于展示空间设计的时间的不同，对展示设计环境的要求也有所不同，包括展示设计的材料、灵活性、折装形式等都要加以考虑。

4. 从形式上划分

可以分为动态展示空间设计和静态展示空间设计，这里动态展示指巡回展示、交流展示等，而静态展示多是固定地点的展示。

5. 按规模划分

可以分为巨型、大型、中型、小型展示设计，国际型、国家型、地方型展览。

6. 按室内室外划分

可以分为建筑内部展示空间设计、建筑外部展示空间设计。

任务二　展示空间设计平面施工图识图与绘制

一、展示空间设计平面施工图识图

展示空间设计平面布置是展示室内陈设的主要规划布局，关系着展示陈设地面空间的交通、组织等直接的装饰设计。展示空间设计平面施工图上包含展示家具、交通、地面、尺寸、材料、立面索引符号等，如图7-2所示。

1. 展示空间设计平面图的内容

（1）通过定位轴线及编号，表明展示空间设计平面位置及其建筑结构的相互关系，标明展示室内平面空间的结构形式、形状和长宽尺寸。

（2）标明展示空间设计平面门窗的位置、平面尺寸、陈设家具、展示商品、地面铺贴等平面造型图案并说明数量、规格和要求。

（3）标明展示空间设计平面楼地面层高、管道、梁柱、地面插座、电器、绿化、装饰小品平面等装饰结构的平面造型和位置。

（4）标明展示空间设计平面装饰结构或配套布置的尺寸。标明平面索引符号，如剖切符号、索引符号、内视符号等。标明展示空间设计平面的装饰材料及文字说明并写出规格。

2. 展示空间设计平面图的识图

（1）识别展示空间设计平面图中的制图符号，掌握制图符号的作用，根据制图符号的指示与要求，详细识读施工图纸，为施工做进一步的准备。

（2）识别展示空间设计平面主要装修位置，掌握展示空间设计平面的梁柱位置、门窗位置、展示家具尺寸、开关位置、插座位置、给排水管道及其他电器安装位置等。

（3）根据展示空间设计平面图掌握大致尺寸数据，展示边柜的长度、服务台的大致长度、宽度、高度，商品展示台的长、宽、高与平面图上的高度标注方法，展示台间的大致位置。

二、展示空间设计平面施工图绘制

根据手机展示空间设计平面施工图，查看手机展厅平面样张——→设置图形界限及创建图层——→绘制轴线——→绘制墙体线——→绘制展示家具——→绘制展示商品——→绘制展示地面铺贴——→绘制展示空间设计交通组织示意符号——→标注展示平面尺寸——→标注展示平面材料及文字说明——→整理检查图纸——→完成绘制（图7-2）。

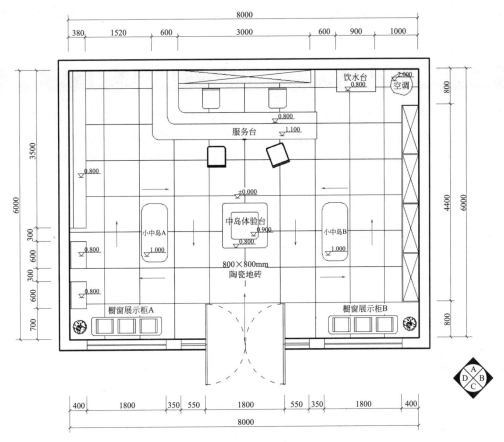

图 7-2　手机展厅平面施工图

任务三　展示空间设计顶面施工图识图与绘制

一、展示空间设计顶面施工图识图

展示空间设计顶面布置是展示顶部空间规划、照明设计，关系展示室内、陈设商品的光影照明效果，与地面布局相呼应，间接起到空间交通、安全出口引导的作用。展示空间设计顶面施工图上包含吊顶造型、空间交通引导、消防、暖通设备、照明等，如图7-3所示。

1. 展示空间设计顶面图的内容

（1）通过定位轴线及编号，表明展示空间设计顶面位置及其建筑结构的相互关系，标明展示室内顶面空间的结构形式、形状和长宽尺寸。

（2）标明展示空间设计顶面门窗的位置、顶面尺寸、吊顶造型、灯具、开关、电路、消防、暖通设备等顶面造型图案并说明数量、规格和要求。

（3）标明展示空间设计顶面装饰结构或配套布置的尺寸。标明顶面索引符号，如剖切符号、索引符号、内视符号等。标明展示空间设计顶面的装饰材料及文字说明并写出规格。

2. 展示空间设计顶面图的识图

（1）识别展示空间设计顶面图中的制图符号，掌握制图符号的作用，根据制图符号的指示空间与要求，详细识读施工图纸，对施工做进一步的准备。

（2）识别展示空间设计顶面主要装修位置，掌握展示空间设计顶面的门窗位置、开关位置、插座位置及其他电器安装位置等。

（3）识别尺寸。根据展示空间设计顶面位置了解灯具安装具体尺寸，掌握展示空间设计吊顶造型、灯具、暖通设备、消防等安装位置及材料规格、数量等。掌握展示空间设计顶面造型剖面图，了解吊顶造型施工工艺。

二、展示空间设计顶面施工图绘制

根据展示空间设计顶面施工图，查看手机展厅顶面样张──►设置图形界限及创建图层──►绘制轴线──►绘制墙体线──►绘制展示吊顶造型──►绘制顶面灯具──►绘制顶面其他设备──►绘制顶面灯具电路开关、连线及其他──►标注展厅顶面尺寸──►标注展厅顶面材料及文字说明──►整理检查图纸──►完成绘制。

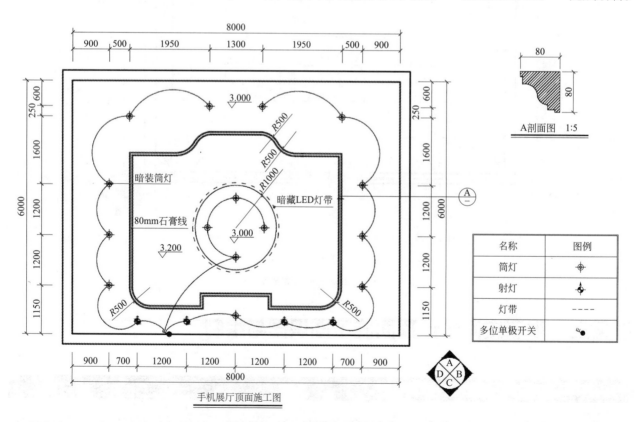

图7-3　手机展厅顶面施工图

任务四　展示空间设计立面图识图与绘制

一、展示空间设计立面图识图

展示空间设计立面布置即墙面造型与设计，直接关系展示立面商品的陈设、货物的搁置、立面空间规划，影响直观视觉效果。展示空间设计立面施工图上包括墙面造型、商品陈设、灯具照明、插座、开关、标识符号、商品储柜等，如图7-4～图7-9所示。

1. 展示空间设计立面图的内容

（1）通过定位轴线及编号，标明展示空间设计立面门窗的位置、立面尺寸、立面吊顶造型、展示家具、立面墙体造型、灯具、开关、电路、消防、暖通设备等立面造型图案并说明数量、规格和要求。

（2）标明展示空间设计立面装饰结构或配套布置的尺寸。标明立面索引符号，如剖切符号、索引符号、内视符号等。标明展示空间设计立面的装饰材料及文字说明并写出规格。

2. 展示空间设计立面图的识图

（1）识别展示空间设计立面图中的制图符号，掌握制图符号的作用，根据制图符号的指示与要求，详细识读施工图纸。识别展示空间设计立面的门窗、开关、插座及其他电器安装位置等。

（2）识别尺寸。根据展示空间设计立面位置了解立面尺寸，掌握灯具、暖通设备、消防等安装位置及材料规格、数量等。掌握展示空间设计立面造型剖面图，了解家具造型施工工艺。

二、展示空间设计立面图绘制

根据展示空间设计立面图，查看手机展厅立面样张──→设置图形界限及创建图层──→绘制轴线──→绘制墙体线──→绘制展厅立面家具──→绘制展厅立面其他设备──→标注展厅立面尺寸──→标注展厅立面材料及文字说明──→整理检查图纸──→完成绘制（图7-4～图7-9）。

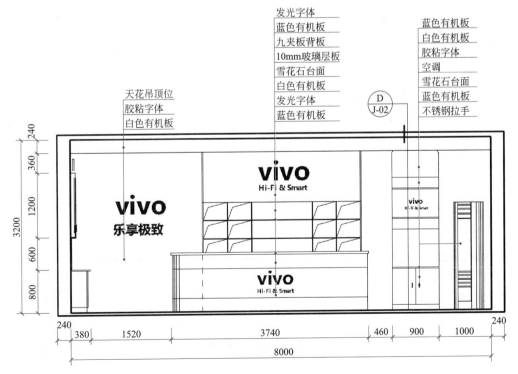

图7-4　手机展厅立面图A

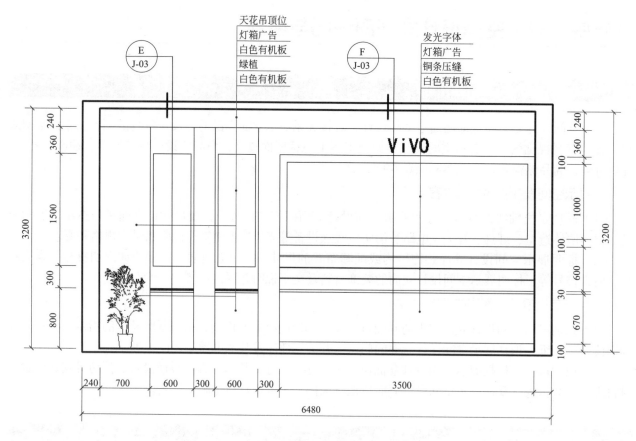

图 7-5　手机展厅立面图 D

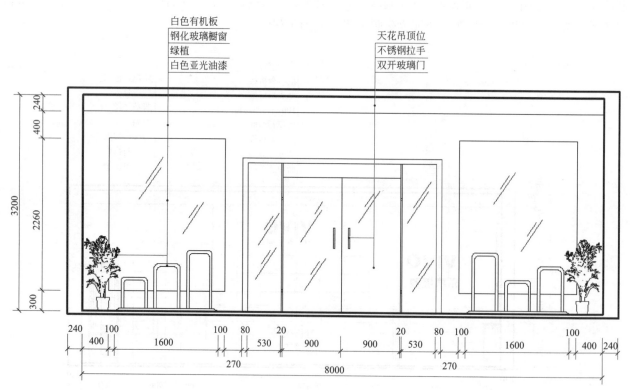

图 7-6　手机展厅立面图 C

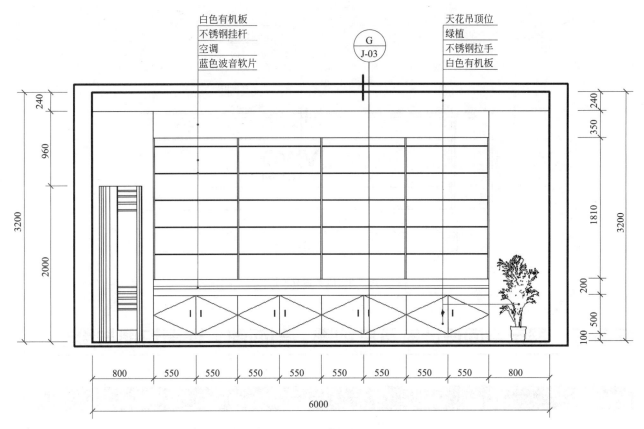

白色有机板
不锈钢挂杆
空调
蓝色波音软片

G
J-03

天花吊顶位
绿植
不锈钢拉手
白色有机板

240
960
3200
2000

240
350
1810
3200
200
500
100

800 550 550 550 550 550 550 550 550 800
6000

图 7-7　手机展厅立面图 B

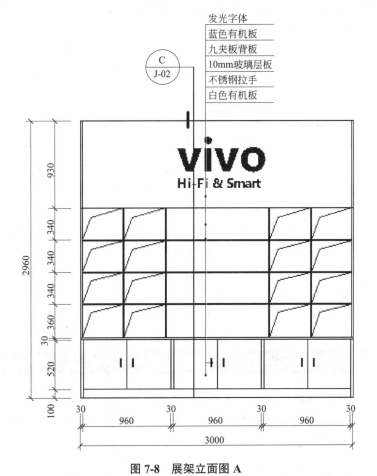

发光字体
蓝色有机板
九夹板背板
10mm玻璃层板
不锈钢拉手
白色有机板

C
J-02

930
340
340
340
360
30
520
2960
100

30 960 30 960 30 960 30
3000

图 7-8　展架立面图 A

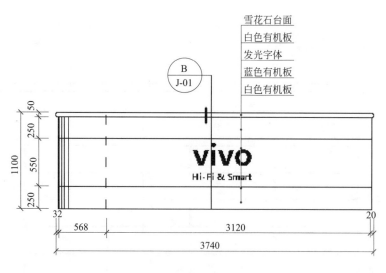

雪花石台面
白色有机板
发光字体
蓝色有机板
白色有机板

B
J-01

图 7-9　服务台立面图

任务五　展示空间设计家具三视图、剖面图、详图识图与绘制

一、概念

三视图是观测者从上面、左面、正面三个不同角度观察同一个空间几何体而画出的图形。剖面图又称剖切图,它是假想用一个剖切平面将物体剖开,移去介于观察者和剖切平面之间的部分,对剩余的部分向投影面所作的正投影图,通常展示物体内部结构构造。详图是对构造的细部或构配件,用较大的比例将其形状、大小、材料和做法,按正投影图的画法,详细表示出来的图样。

展示空间设计涉及展示台、展示柜、展示架等展示家具,这些展示家具造型各异且内部构造复杂,只有绘制出展示家具三视图、剖面图、详图才能展开这些家具结构构造,为制造这些家具提供施工生产的重要依据。

1.展示空间设计家具三视图、剖面图、详图的内容

(1)展示空间设计家具平面图、立面图、剖面图、详图、尺寸标注、剖切符号、索引符号、详图符号、文字说明。

(2)展示空间设计家具造型、剖面、详图、孔、洞、槽及位置情况、材料、线型等。

2.展示空间设计家具三视图、剖面图、详图识图

(1)识别展示空间设计三视图、剖面图、详图中的制图符号,了解符号的作用,详细识读施工图纸。识别展示空间设计孔、洞、槽内部情况位置、结构构造情况等。

(2)识别尺寸。根据展示空间设计三视图、剖面图、详图位置尺寸,掌握孔、洞、槽、结构构造位置。识别展示空间设计三视图、剖面图、详图的材料规格、数量等。掌握展示空间设计相关三视图、剖面图、详图的绘制方法,掌握展示空间设计家具构造施工工艺。

二、展示空间设计家具三视图、剖面图、详图绘制

(1)根据展示台三视图,查看展示台三视图的样张──→设置图形界限及创建图层──→绘制轴线──→绘制轮廓线──→绘制俯视图──→绘制正视图──→绘制侧视图──→标注三视图尺寸──→标注展示台家具文字及材料说明──→检查图纸──→完成绘制。如图 7-10 所示。

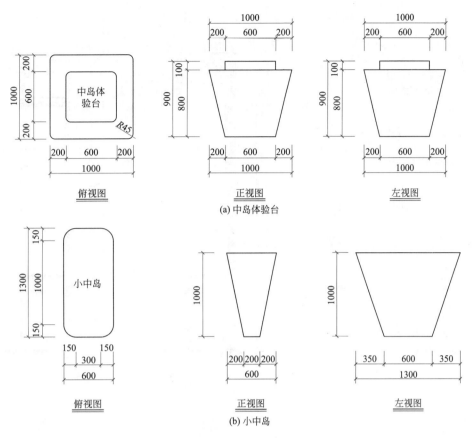

俯视图

正视图

左视图

(a) 中岛体验台

俯视图

正视图

左视图

(b) 小中岛

图 7-10　展示台三视图

（2）根据服务台剖面图，查看服务台剖面图样张──设置图形界限及创建图层──绘制轴线──绘制剖面图构造──剖切材料填充──绘制孔、洞、槽──标注剖切面尺寸──标注剖切面材料及文字说明──检查图纸──完成绘制。如图 7-11 所示。

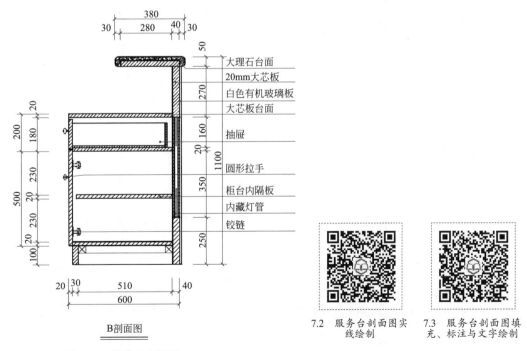

大理石台面

20mm大芯板

白色有机玻璃板

大芯板台面

抽屉

圆形拉手

柜台内隔板

内藏灯管

铰链

B剖面图

7.2　服务台剖面图实线绘制

7.3　服务台剖面图填充、标注与文字绘制

图 7-11　服务台剖面图 B

（3）根据展示柜、展示架家具平面图，查看展示柜、展示架家具详图索引位置与样张──绘制辅助线──绘制详图──标注详图尺寸──标注详图材料及文字说明──检查图纸──完成绘制。如图 7-12、

图 7-13 所示。

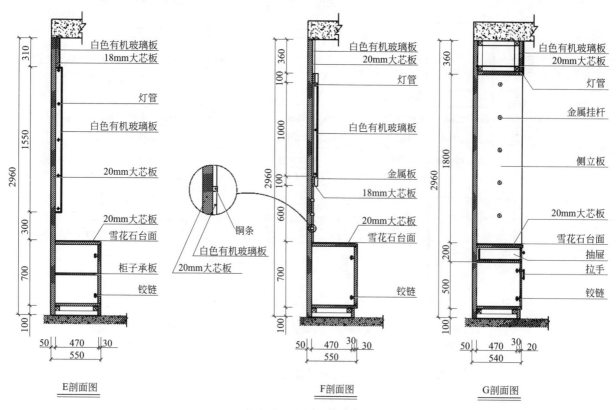

E剖面图   F剖面图   G剖面图

图 7-12 展示柜剖面图

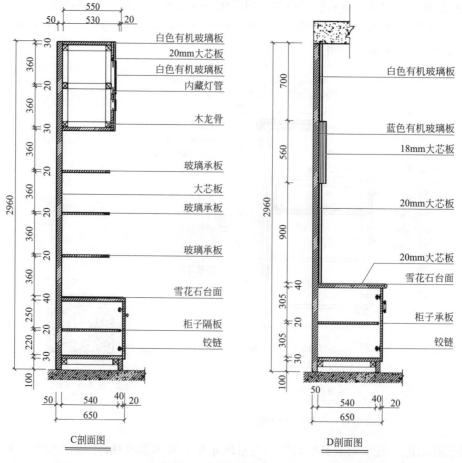

C剖面图   D剖面图

图 7-13 展示架剖面图

思考题

1. 什么是展示设计?
2. 展示设计的分类有哪些? 展示设计的发展趋势是怎样?
3. 什么是展示空间设计平面图?
4. 什么是展示空间设计顶面图?
5. 什么是展示空间设计三视图、剖面图、详图?
6. 展示空间设计平面图怎么绘制?
7. 展示空间设计顶面图怎么绘制?
8. 展示空间设计立面图怎么绘制?
9. 展示空间设计三视图、剖面图、详图怎么绘制?

实操题

如图 7-14 所示为服装专卖店。
1. 根据所学,完成商业空间服装专卖店的平面图绘制。
2. 根据所学,完成商业空间服装专卖店的顶面施工图的设计创作绘制。
3. 根据所学,完成商业空间服装专卖店的立面图设计创作绘制。

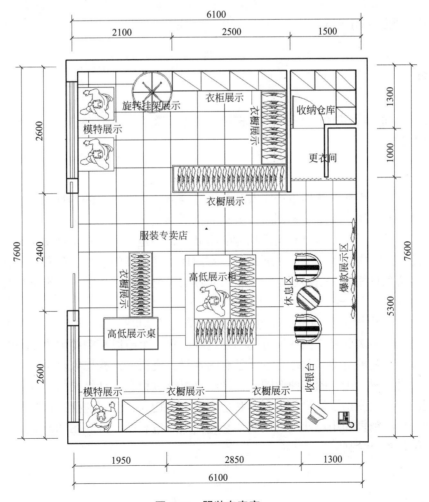

图 7-14　服装专卖店

项目描述

本项目以家具设计全套工程图作为家具设计施工图识图与绘制项目，以家具设计完整的三视图、三维图、结构装配图为任务驱动，将家具设计知识与家具设计施工图融通，展开家具设计施工图的识图与绘制。

 学习目标

掌握家具设计基本知识，了解家具设计的内容。掌握家具施工图制图规范，能识读家具各设计施工图。熟练掌握家具设计施工图的绘制技巧。

工作任务

通过计算机绘制案例演示家具设计各工程图的绘制技巧；通过家具设计各施工图绘制，从而掌握家具设计施工图的识图与绘制。

家具是人类维持日常生活，从事生产实践和开展社会活动必不可少的器具设施。家具的历史悠久，它随着社会的进步而不断发展，反映了不同时代人类的生活和生产力水平，融合了科学、技术、材料、文化和艺术等各方面。家具除了是一种具有实用功能的物品外，还是一种具有丰富文化形态的艺术品，是生活和工作中的必需品，是室内艺术氛围的主要角色，室内环境受家具的造型、色彩、质感所影响。家具设计与制造和人们的生活息息相关，是体现生活水平与质量的重要标志，反映了人类物质文明的发展，也显示了人类精神文明的进步。

家具设计图是反映设计人员构思、设想的家具图样，家具也是工业产品的一部分，如图 8-1、图 8-2 所示。产品设计是一个多次反复、循序渐进的组合过程，每一个阶段都需要解决不同的问题。根据用户要求、使用功能、环境、艺术造型以及综合选择已有的素材、资料等，构思家具图样。可将家具设计过程的图样分为三大类：设计图、工程图和商业图。设计图是思维过程和设计结果的呈现，主要类型有设计草图和设计方案表现图；工程图是设计物化的表达和生产技术的指导，主要包括结构装配图、零部件图、大样图等；商业图则是产品销售和用户使用的说明，它包括产品包装图、拆装图和商业展示图。本项目主要介绍家具设计施工图识图与绘制。

图 8-1　餐桌家具实体图

图 8-2　厨房家具实体图

任务一　家具设计认识

家具产品的功能分为四个方面，即技术功能、经济功能、实用功能与审美功能，随着经济的发展，家具已经构成人们生活中的必需品。

一、家具的结构

家具由材料、结构、外观形式和功能四方面组成，其中功能是先导，是推动家具发展的动力；结构是主干，是实现功能的基础。结构是指家具所使用的材料和构件之间的一定组合与连接方式，它是依据一定的使用功能而组成的一种结构系统。它包括家具的内在结构和外在结构，内在结构是指家具零部件间的某种结合方式，它取决于材料的变化和科学技术的发展。像传统的榫接和现代板式家具用的五金件连接都属于家具的内在结构的连接方式。

家具的外在结构直接与使用者相接触，它是外观造型的直接反映，因此在尺度、比例和形状上都必须与使用者相适应，例如，座面的高度、深度、后靠背倾斜的角度；贮存类家具在方便使用者存取物品的前提下，要与所存放物品的尺度相适应等。

二、家具的分类

家具跟随时代的脚步不断发展创新，如今门类繁多，用料各异，品种齐全，用途不一。家具的类型可以按结构类型、风格、材料、结构、功能、效果、档次、产地划分。

（1）按家具结构类型分为：框式家具、板式家具、软体家具等。

（2）按家具风格分为：现代家具、后现代家具、欧式古典家具、美式家具、中式古典家具、新古典家具、新装饰家具、韩式田园家具、地中海家具等。

（3）按所用材料分为：玉石家具、实木家具、板式家具、软体家具、藤编家具、竹编家具、金属家具、钢木家具、曲木家具、折叠家具及其他材料如玻璃、大理石、陶瓷、无机矿物、纤维织物、树脂等组合的家具。

（4）按功能分为：办公家具、户外家具、客厅家具、卧室家具、书房家具、儿童家具、餐厅家具、卫浴家具、过道家具、门厅家具、厨卫家具（设备）和辅助家具等。

（5）按结构分为：整装家具、拆装家具、折叠家具、组合家具、连壁家具、悬吊家具等。

（6）按造型的效果分为：普通家具、艺术家具。

（7）按家具产品的档次分为：高档、中高档、中档、中低档、低档。

（8）按家具产品的产地分为：进口家具和国产家具。

常用室内家具见表8-1。

表8-1　常用室内家具

室内功能空间	室内各家具
门厅	鞋柜、衣帽柜、雨伞架
过道	鞋柜、衣帽柜、玄关柜、隔断
客厅	沙发、沙发椅、沙发床、长(方)(圆)茶几、角几、电视柜、酒柜、装饰柜
餐厅	餐桌、餐椅、餐边柜、角柜、吧台
卧室	床、床头柜、榻、衣柜、梳妆台、梳妆镜、挂衣架
书房	书架、书桌椅、文件柜
厨房	橱柜、吸油烟机、灶具、冰箱、微波炉、烤箱、餐具
卫生间	洗脸盆、洗漱镜、浴缸、花洒、墩布池、小便斗、马桶

三、家具设计

家具设计是指用图形（或模型）和文字说明等方法，表达家具的造型、功能、尺度与尺寸、色彩、材料和结构。

家具设计既是一门艺术，又是一门应用科学。家具设计主要包括造型设计、结构设计及工艺设计三个方面。设计的整个过程包括收集资料、构思、绘制草图、评价、试样、再评价、绘制生产图。

最初，根据用户要求、使用功能、环境、艺术造型，综合选择已有的素材、资料等，构思家具草图，再根据草图修改后按一定比例画出设计表现图。设计草图和设计表现图有多种不同表现形式。设计草图按功能可分为记录性草图和研究性草图；按表现内容和形式可分为概念草图、形态草图、结构草图。设计草图的核心功能是捕捉设计灵感、阐释设计概念、初步拟定设计方案。随着计算机绘图技术的发展，AutoCAD、3D MAX等绘图软件得到了普及运用，这不仅大大缩短了设计周期，减轻了设计师的工作强度，还大大提高了设计工作的质量和效率，也丰富了设计图的表现手段。

1. 设计草图

设计草图按功能可分为记录性草图和研究性草图；按表现内容和形式可分为概念草图、形态草图、结构草图。设计草图的核心功能是捕捉设计灵感、阐释设计概念、初步拟定设计方案。如图 8-3 所示为家具设计草图。

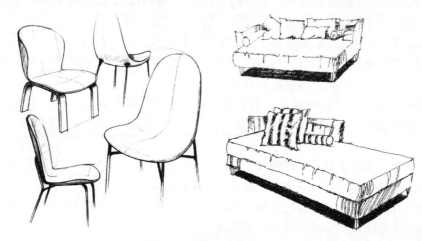

图8-3　家具设计草图

2. 设计表现图

设计表现图一般可分为效果图和方案设计图。设计表现图是用于呈现设计方案和设计效果的展示性图样，供决策者审定。因而，设计表现图不仅要求绘制全面、细致，有准确的说明性，而且还要有强烈的真实感和艺术感染力。绘制设计图可以使用多种手段以达到理想的效果，例如采用铅笔画、钢笔画、马克笔淡彩、水彩渲染、水粉重彩、喷绘等。随着社会的进步，现在基本采用电脑绘图能更加直观地表达设计效果。如图 8-4、图 8-5 所示。

图 8-4　家具设计手绘效果图表现

图 8-5　家具设计电脑效果图表现

3. 家具设计施工图

家具设计施工图是设计方案定稿后依据实施生产绘制的标准图纸。我国也颁布了家具制图标准《家具制图》（QB/T 1338—2012），对图纸、图线、标注、文字、尺寸、平面图、立面图、剖面图、透视图、轴测图等作了详细的要求。现在的家具设计施工图常用 AutoCAD 绘制。完整的家具设计施工图包括：俯视图、主视图、侧视图、透视图、剖视图、节点详图、零件部件图、装配图、开料表等。

任务二　家具设计三视图、三维图识图与绘制

家具设计三视图就是家具设计的俯视图（平面图）、主视图（正面图）、侧视图（侧面图）。家具三维图准确展示家具设计的三维效果，是家具设计图不可缺少的，常与家具设计三视图搭配识图。家具设计的三视图、三维图是在家具设计草图基础上，经挑选、修改后完善的施工图，即家具设计的外形视图，三视图、三维图。

一、现代储物柜设计三视图与三维图的识图与绘制

现代储物柜的三视图与三维图案例如图 8-6 所示。

1. 现代储物柜俯视图（平面图）识图与绘制

（1）识图内容　认识现代储物柜俯视图外形结构关系，标明俯视图外形尺寸。

（2）绘制步骤　新建文件——设置图形界限——设置图层——绘制现代储物柜俯视图外形结构——尺寸标注——完成绘制。如图 8-6（a）所示。

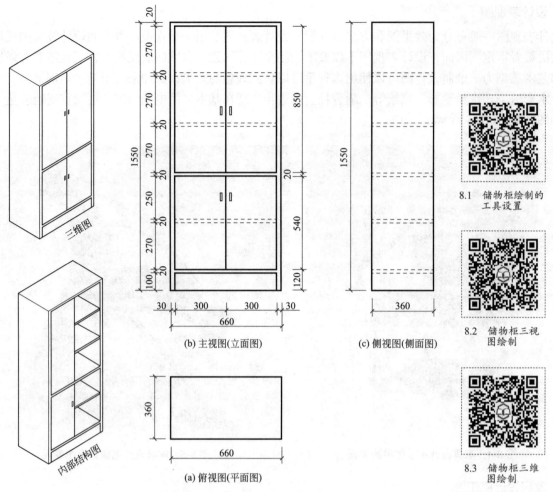

图 8-6 储物柜三视图与三维图

2. 现代储物柜主视图（立面图）识图与绘制

（1）识图内容 认识现代储物柜主视图外形结构关系，标明主视图外形尺寸，用虚线标明储物柜主视图内部结构，实线标明储物柜外部结构。

（2）绘制步骤 新建文件——→设置图形界限——→设置图层——→绘制现代储物柜主视图外形结构——→绘制虚线标明储物柜主视图内部结构——→尺寸标注——→完成绘制。如图 8-6（b）所示。

3. 现代储物柜侧视图（侧面图）识图与绘制

（1）识图内容 认识现代储物柜侧视图外形结构关系，标明侧视图外形尺寸，用虚线标明储物柜侧视图内部结构，实线标明储物柜外部结构。

（2）绘制步骤 新建文件——→设置图形界限——→设置图层——→绘制现代储物柜侧视图外形结构——→绘制虚线标明储物柜侧视图内部结构——→尺寸标注——→完成绘制。如图 8-6（c）所示。

4. 现代储物柜三维图识图与绘制

（1）识图内容 通过透视图认识现代储物柜内部结构关系和外部结构关系，三维图必须与三视图一致。

（2）绘制步骤 新建文件——→设置图形界限——→设置图层——→设置视图——→进行面域——→拉伸外框——→拉伸内框——→三维布尔运算——→拉伸隔板——→拉伸柜门——→完成储物柜三维图绘制。如图 8-7～图 8-13 所示。

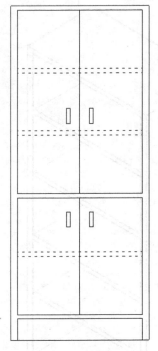

图 8-7 进行面域

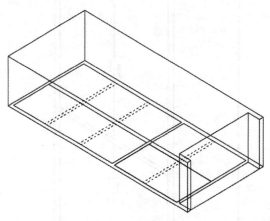

图 8-8 拉伸柜体

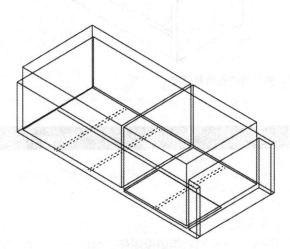

图 8-9 拉伸辅助柜体

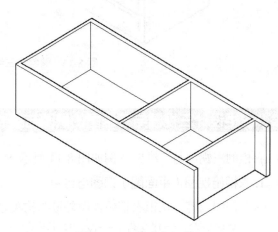

图 8-10 三维布尔运算

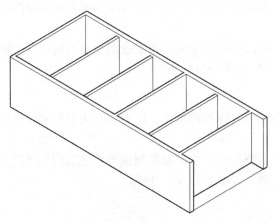

图 8-11 拉伸隔板

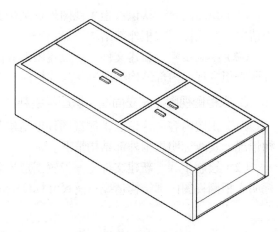

图 8-12 拉伸柜门

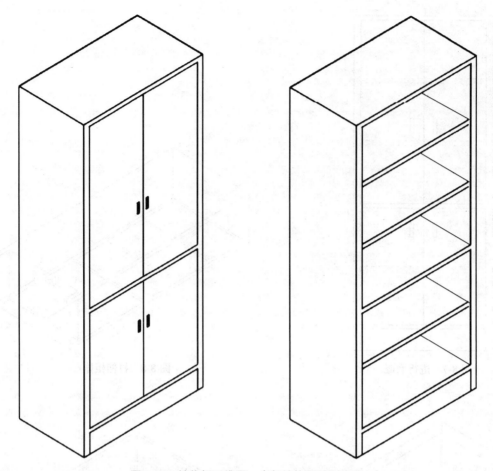

图 8-13 储物柜三维图、内部结构图绘制完成

二、衣柜设计三视图与三维图的识图与绘制

衣柜的三视图与三维图案例如图 8-14 所示。

1. 衣柜俯视图（平面图）识图与绘制

（1）识图内容　认识衣柜俯视图外形结构关系，标明俯视图外形尺寸。

（2）绘制步骤　新建文件──▶设置图形界限──▶设置图层──▶绘制衣柜俯视图外形结构──▶尺寸标注──▶完成绘制。如图 8-14（a）所示。

2. 衣柜主视图（立面图）识图与绘制

（1）识图内容　认识衣柜主视图外形结构关系，标明主视图外形尺寸，用虚线标明衣柜主视图内部结构情况，实线标明衣柜外部结构情况。

（2）绘制步骤　新建文件──▶设置图形界限──▶设置图层──▶绘制衣柜主视图外形结构──▶绘制虚线标明衣柜主视图内部结构情况──▶尺寸标注──▶完成绘制。如图 8-14（b）所示。

3. 衣柜侧视图（左立面图）识图与绘制

（1）识图内容　认识衣柜侧视图外形结构关系，标明侧视图外形尺寸，用虚线标明衣柜侧视图内部结构情况，实线标明衣柜外部结构情况。

（2）绘制步骤　新建文件──▶设置图形界限──▶设置图层──▶绘制衣柜侧视图外形结构──▶绘制虚线标明衣柜侧视图内部结构情况──▶尺寸标注──▶完成绘制。如图 8-14（c）所示。

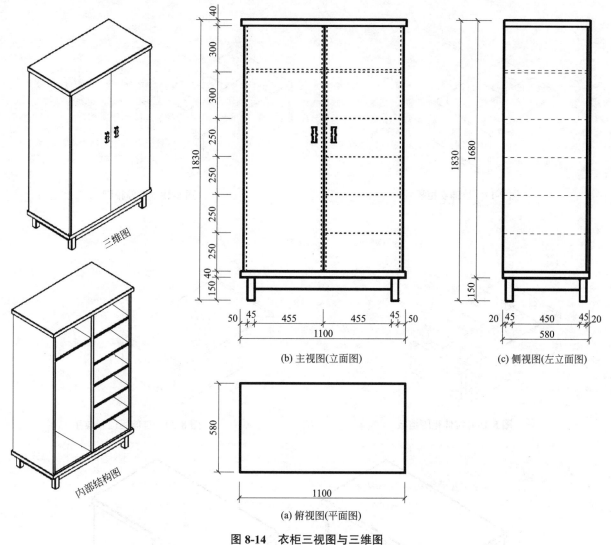

图 8-14　衣柜三视图与三维图

4. 衣柜三维图识图与绘制

（1）识图内容　通过三维图认识衣柜内部结构关系和外部结构关系，三维图必须与三视图一致。

（2）绘制步骤　新建文件──→设置图形界限──→设置图层──→设置视图──→进行面域──→拉伸外框──→拉伸内框──→三维布尔运算──→拉伸隔板──→拉伸柜脚──→制作平开门切口──→拉伸柜门和拉手──→完成衣柜三维图绘制。如图 8-15 ～图 8-21 所示。

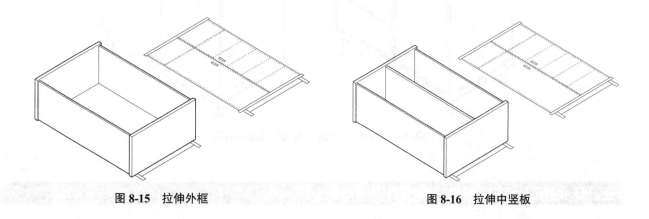

图 8-15　拉伸外框

图 8-16　拉伸中竖板

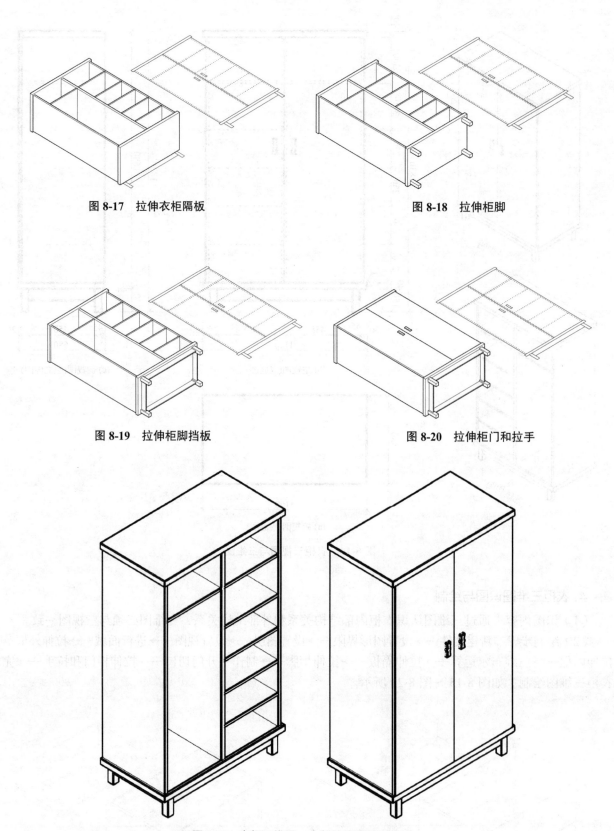

图 8-17　拉伸衣柜隔板

图 8-18　拉伸柜脚

图 8-19　拉伸柜脚挡板

图 8-20　拉伸柜门和拉手

图 8-21　衣柜三维图、内部结构图绘制完成

三、床头柜设计三视图与三维图的识图与绘制

床头柜的三视图与透视图案例如图 8-22 所示。

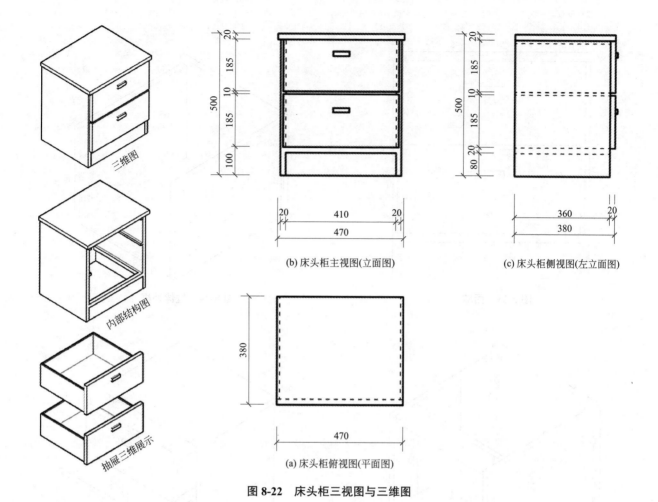

图 8-22 床头柜三视图与三维图

1. 床头柜俯视图（平面图）识图与绘制

（1）识图内容　认识床头柜俯视图外形结构关系，标明俯视图外形尺寸。

（2）绘制步骤　新建文件——设置图形界限——设置图层——绘制床头柜俯视图外形结构——尺寸标注——完成绘制。如图 8-22（a）所示。

2. 床头柜主视图（立面图）识图与绘制

（1）识图内容　认识床头柜主视图外形结构关系，标明主视图外形尺寸，用虚线标明床头柜主视图内部结构，实线标明床头柜外部结构。

（2）绘制步骤　新建文件——设置图形界限——设置图层——绘制床头柜主视图外形结构——用虚线绘制床头柜主视图内部结构——尺寸标注——完成绘制。如图 8-22（b）所示。

3. 床头柜侧视图（左立面图）绘制识图与绘制

（1）识图内容　认识床头柜侧视图外形结构关系，标明侧视图外形尺寸，用虚线标明床头柜侧视图内部结构，实线标明床头柜外部结构。

（2）绘制步骤　新建文件——设置图形界限——设置图层——绘制床头柜侧视图外形结构——用虚线绘制床头柜侧视图内部结构——尺寸标注——完成绘制。如图 8-22（c）所示。

4. 床头柜三维图识图与绘制

（1）识图内容　通过透视图认识床头柜内部结构关系和外部结构关系，三维图必须与三视图一致。

（2）绘制步骤　新建文件——设置图形界限——设置图层——设置视图——进行面域——拉伸外框——拉伸卡条——拉伸抽屉——完成床头柜三维图绘制。如图 8-23 ～图 8-27 所示。

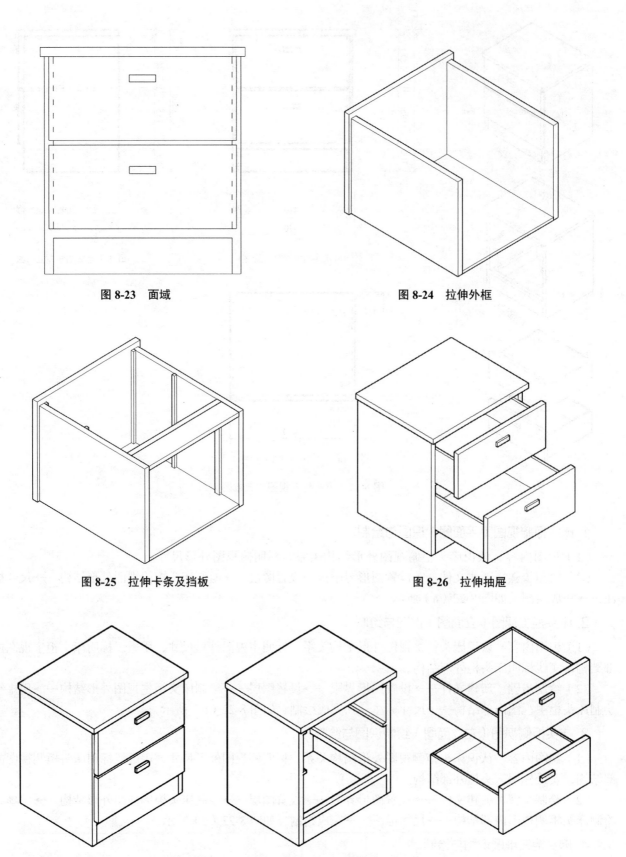

图 8-23　面域

图 8-24　拉伸外框

图 8-25　拉伸卡条及挡板

图 8-26　拉伸抽屉

图 8-27　床头柜三维图、内部结构图绘制完成

5. 文字说明

应对家具的质量要求、涂饰要求、装配要求等图纸上不易表达的一些技术条件，在图纸的右下方用文字作简要说明。

任务三　家具设计结构装配图识图与绘制

家具设计图仅仅反映家具的外部形状和内部简单的结构，但是零件间的连接方式，设计图上一般是不表达的。所以，要批量生产家具，就要画出家具结构装配图。家具结构装配图是表达家具详细结构及连接方式的图样，其作用是指导家具生产全过程，包括零件的加工制作、产品的装配涂饰、成品的检验验收。

一、家具装配图的要求

1. 视图

（1）一组能详细反映家具结构形状的基本视图，其数量由家具结构的复杂程度而定，且常以剖视图形式出现。

（2）由于基本视图是表达家具整体的，采用的比例往往较小，使某些局部结构难以表达清楚，采用较大比例画出的结构局部详图就解决了这一问题。

（3）某些零件的局部详图，如拉手、柜脚、镜框周边等用较大比例以局部视图形式画在结构装配图内。

2. 尺寸

结构装配图上一般要标注生产上所需要的全部尺寸，图中各部分大小均应以尺寸数字为准。

3. 透视图

结构装配图上通常应附上家具透视图，对看图和装配起一定的帮助作用。

4. 零部件编号和明细表

对于零部件多的家具，为便于组织生产，在结构装配图上给每个零部件编上号码，然后将它们的名称、规格、品种等，按编定的号码填在明细表中。

编号的方法是在要编号的零部件图形中引出一条细实线，在指向零部件的一端画一小黑点，另一端画一水平的短粗实线，上面写上编号。短实线要排列整齐，编号要按顺时针或逆时针的方法顺次编写，以免难找或遗漏。

明细表一般列在标题栏上方，零件的编号应由小到大，自下而上填写，这样一旦遗漏，便于添加补全。

5. 技术条件

对于一些在图上无法表达的内容，如家具表面涂饰要求，颜色及涂层厚度等，用文字写在图纸下方的空隙处。

需要说明的是，装配图画的详细程度取决于是否有零部件图。若有，装配图主要表现的就是装配关系，此时，无论视图表达还是尺寸标注，都将大大简化，某些局部详图就不必画出，一些细小结构也可简化或不画，零件图上已有的尺寸，装配图中可不必注出。只注明与装配有关的尺寸即可。

6. 家具常用连接件的规定与画法

家具上常用连接件如木螺钉、圆钉或螺栓等，《家具制图标准》都规定了特有的画法。在局部详图或比例较大的图形中，它的画法如图 8-28 所示。

（1）螺栓连接　中间粗虚线表示螺杆，其中与之相垂直的不出头粗线为螺栓头，另一头的两条粗短线，长的为垫圈，短的为螺母。螺栓头和螺母的画法，见图 8-28（a）。

（2）圆钉连接　钉头一端是细实线，十字中有一个小黑点，反向则只画细实线十字以定位；全剖的主视图上表示钉头的粗短线画在木材零件轮廓线内，见图 8-28（b）。

（3）木螺钉连接　用 45° 粗实线三角形表示沉头木螺钉的钉头，钉头的左视图为一粗实线十字，相反方向视图是 45° 相交两短粗实线。为不至于误解及定位需要，常还画出细十字线。如图 8-28（c）所示。

（4）铆钉连接中间粗实线表示铆钉杆，两端为铆钉头，如图 8-28（d）。

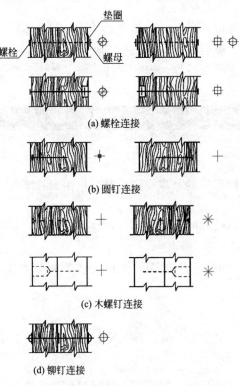

图 8-28　常用连接件的画法

（5）基本视图上的表示　在基本视图上要表示这些连接件位置和数量时，可以一律用细实线十字和细实线表示，必要时再用引线加文字注明连接件数量、名称。如图 8-29 所示。

图 8-29　常用连接件在基本视图上的表示

二、家具装配图的识图与绘制

（一）床头柜结构装配图

床头柜结构装配图如图 8-30 ～图 8-35 所示。

1. 床头柜结构装配图识图

（1）认识床头柜主视装配图、侧视装配图、俯视装配图、装配详图、透视图、拉手详图；

（2）认识床头柜装配图内部结构构造、制图符号、构造尺寸、装配详图尺寸、拉手尺寸；

（3）认识床头柜构造节点、结构安装、制图表。

2. 床头柜结构装配图绘制

根据床头柜装配图，审查尺寸──→新建文件──→设置图形界限──→设置图层──→绘制轴线──→绘制床头柜各装配图──→绘制构造结构──→绘制制图符号──→尺寸标注──→文字标注──→线型设置──→图纸检查──→完成绘制。

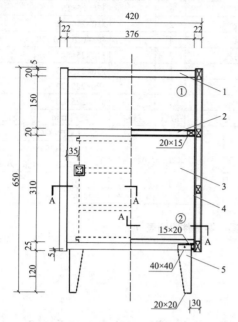

图 8-30 床头柜主视装配图

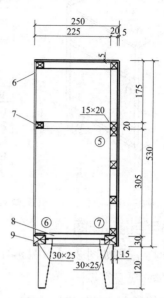

图 8-31 床头柜侧视装配图

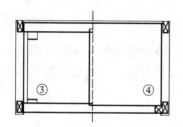

图 8-32 床头柜 A─A 剖面图

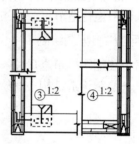

图 8-33 床头柜装配详图（一）

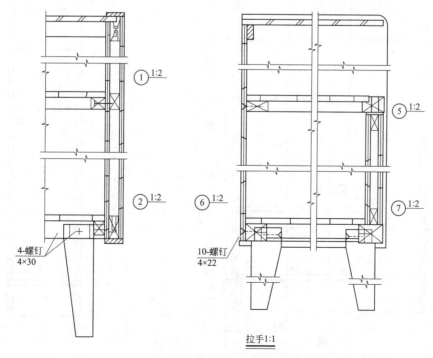

拉手1:1

图 8-34 床头柜装配详图（二）

编号	代号	名称	数量	材料	规格/mm	备注
9	GC404-09	木方	2		376×30×25	
8	GC404-08	底板	1		376×225×20	
7	GC404-07	木方	6		376×25×15	
6	GC404-06	侧板	2		530×250×22	
5	GC404-05	柜脚	4		40×40/20×20/120	
4	GC404-04	右旁板	2		310×25×5	
3	GC404-03	门	1		310×225×15	
2	GC404-02	隔板	1		376×225×20	
1	GC404-01	顶板	1		376×225×20	

设计				代号	K2W-GC404		
制图		床头柜GC404		规格	420×350×650		
插图				比例	1:5	共1张	第 张
校对							
审核							

图 8-35　床头柜三维图、零部件明细表

（二）书柜结构装配图

书柜结构装配图如图 8-36～图 8-41 所示。

1. 书柜结构装配图识图

（1）认识书柜主视装配图、侧视装配图、俯视装配图、装配详图、透视图、拉手详图；

（2）认识书柜装配图内部结构构造、制图符号、装配剖面图、构造尺寸、装配详图尺寸；

（3）认识书柜构造节点、结构安装、零部件明细表。

2. 书柜结构装配图绘制

根据书柜装配图，审查尺寸──→新建文件──→设置图形界限──→设置图层──→绘制轴线──→绘制书柜各装配图──→绘制构造结构──→绘制制图符号──→尺寸标注──→文字标注──→线型设置──→图纸检查──→完成绘制。

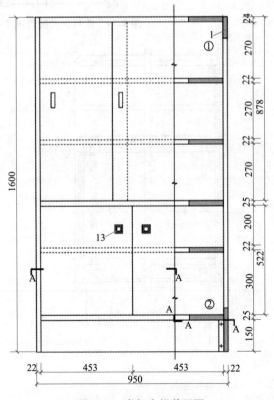

图 8-36　书柜主视装配图

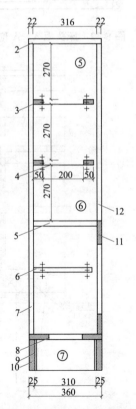

图 8-37　书柜侧视装配图

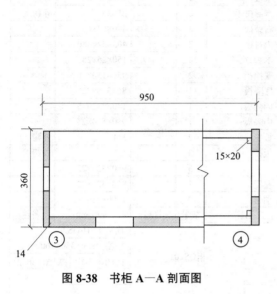

图 8-38 书柜 A—A 剖面图

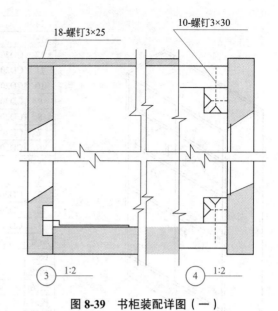

图 8-39 书柜装配详图（一）

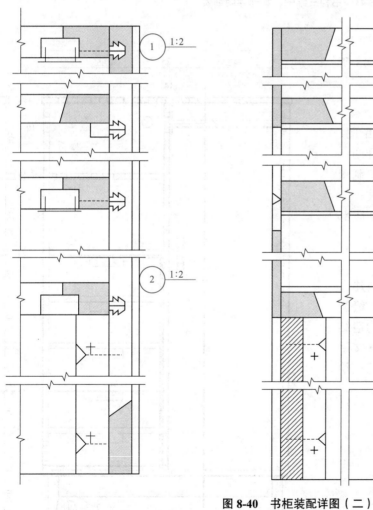

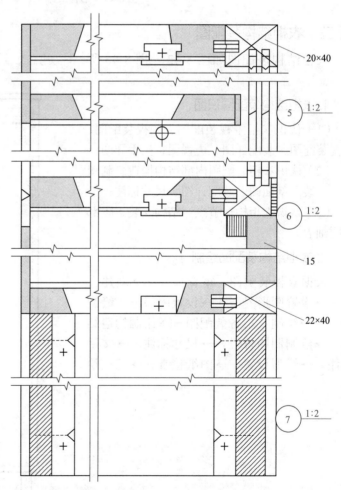

图 8-40 书柜装配详图（二）

编号	代号	名称	数量	材料	规格/mm	备注
14		条板	2		70×530×20	外购
13		方形拉手	2		25×25	外购
12	CD201-10	右旁板	2		440×62×6	
11	CD201-09	内衬板	2		403×324×20	
10	CD201-08	木脚方	4		150×25×25	
9	CD201-07	底挡板	2		950×130×20	
8	CD201-06	底隔板	1		86×355×22	
7	CD201-05	内侧板	1		1406×320×5	
6	CD201-04	中隔板	1		950×510×25	
5		板托	2		J34	外购
4		板托	3		J33	外购
3	CD201-03	拉手	3		950×325×22	
2	CD201-02	左门	1		950×325×22	
1	CD201-01	顶板	2		1600×360×22	
编号	代号	名称	数量	材料	规格/mm	备注

设计			代号	SH-GS201	
制图			规格	950×360×1600	
插图		书柜GS201	比例	1:5 共1张 第 张	
校对					
审核					

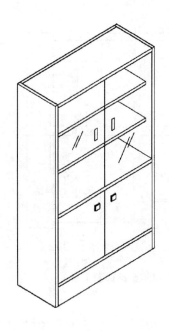

图 8-41　书柜三维图、零部件明细表

（三）衣柜结构装配图

衣柜结构装配图如图 8-42～图 8-46 所示。

1. 衣柜结构装配图识图

（1）认识衣柜主视装配图、侧视装配图、俯视装配图、装配详图、透视图、拉手详图；

（2）认识衣柜装配图内部结构构造、制图符号、装配剖面图、装配详图、尺寸标注；

（3）认识衣柜构造节点、结构安装、零部件明细表。

2. 衣柜结构装配图绘制

根据衣柜装配图，审查尺寸──→新建文件──→设置图形界限──→设置图层──→绘制轴线──→绘制衣柜各装配图──→绘制构造结构──→绘制制图符号──→尺寸标注──→文字标注──→线型设置──→图纸检查──→完成绘制。

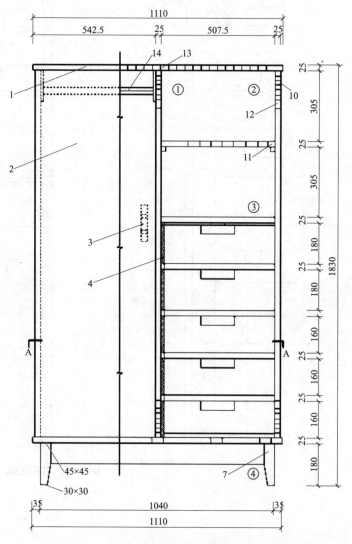

图 8-42　衣柜主视装配图

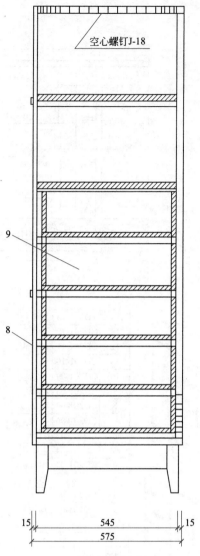

图 8-43　衣柜侧视装配图

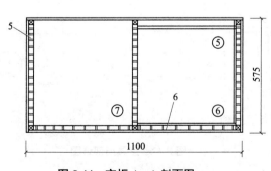

图 8-44　衣柜 A—A 剖面图

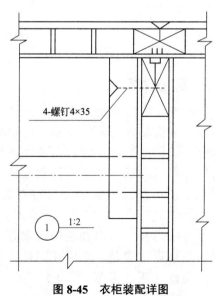

图 8-45　衣柜装配详图

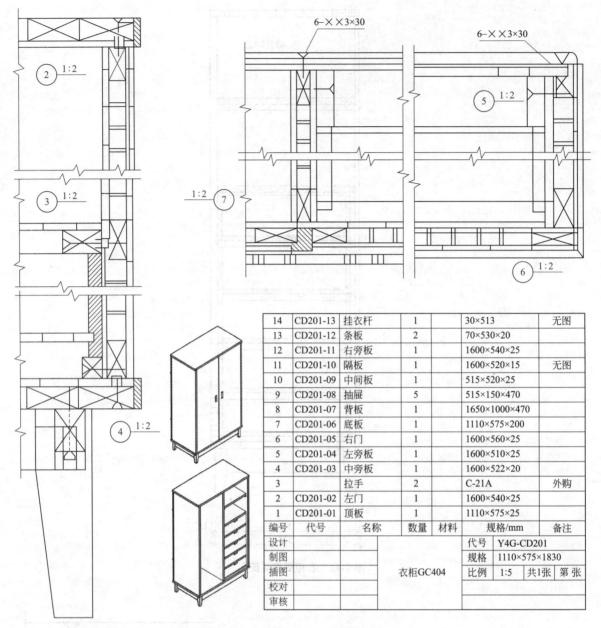

14	CD201-13	挂衣杆	1		30×513	无图
13	CD201-12	条板	2		70×530×20	
12	CD201-11	右旁板	1		1600×540×25	
11	CD201-10	隔板	1		1600×520×15	无图
10	CD201-09	中间板	1		515×520×25	
9	CD201-08	抽屉	5		515×150×470	
8	CD201-07	背板	1		1650×1000×470	
7	CD201-06	底板	1		1110×575×200	
6	CD201-05	右门	1		1600×560×25	
5	CD201-04	左旁板	1		1600×510×25	
4	CD201-03	中旁板	1		1600×522×20	
3		拉手	2		C-21A	外购
2	CD201-02	左门	1		1600×540×25	
1	CD201-01	顶板	1		1110×575×25	
编号	代号	名称	数量	材料	规格/mm	备注

设计			代号	Y4G-CD201	
制图			规格	1110×575×1830	
插图	衣柜GC404		比例	1:5	共1张 第 张
校对					
审核					

图 8-46　衣柜三维图、零部件明细表

（四）局部详图

　　家具部分结构形状没有表达清楚，又没有必要再画出其他完整的图形，可单独将这一部分的结构图形按一定比例放大画出，得到的局部图形称局部详图。特别在家具结构装配图中，局部详图起着十分重要的作用，由于它能将家具的一些结构特点、连接方式、较小零件的真实形状以及装饰图案等以较大比例的图形表达清楚，所以在图样中被广泛采用。局部详图大多采用1：1或1：2的比例画出。如图8-47所示。

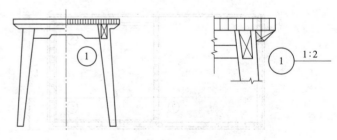

图 8-47　家具局部详图

任务四 家具设计图案例

为了使学习者更好地进行家具设计识图与绘制，掌握家具设计制图的方法，下面提供了一些常用的家具设计图案例，供大家学习使用。

一、柜

1. 电视柜

电视柜设计图例如图 8-48 所示。

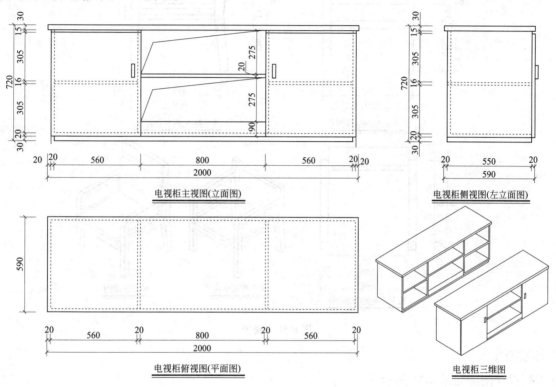

电视柜主视图(立面图)　　电视柜侧视图(左立面图)

电视柜俯视图(平面图)　　电视柜三维图

图 8-48　电视柜

2. 床头柜

床头柜设计图例如图 8-49 所示。

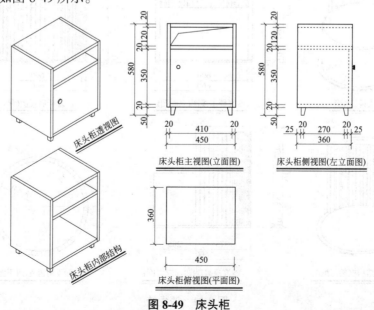

床头柜透视图　　床头柜主视图(立面图)　　床头柜侧视图(左立面图)

床头柜内部结构　　床头柜俯视图(平面图)

图 8-49　床头柜

1. 椅子

椅子设计图例如图 8-50 所示。

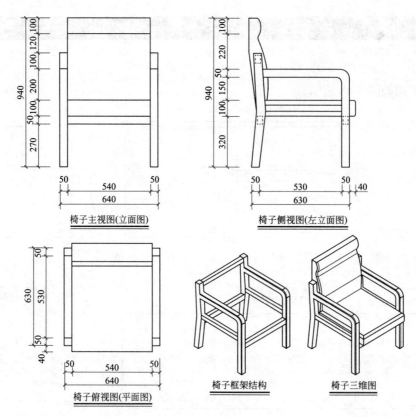

椅子主视图(立面图)　　椅子侧视图(左立面图)

椅子俯视图(平面图)　　椅子框架结构　　椅子三维图

图 8-50　椅子

2. 沙发椅

沙发椅设计图例如图 8-51 所示。

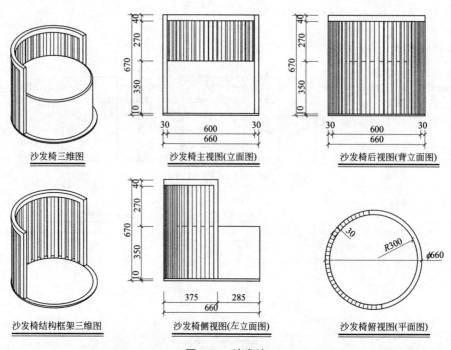

沙发椅三维图　　沙发椅主视图(立面图)　　沙发椅后视图(背立面图)

沙发椅结构框架三维图　　沙发椅侧视图(左立面图)　　沙发椅俯视图(平面图)

图 8-51　沙发椅

1. 书桌和电脑桌

书桌和电脑桌设计图例如图 8-52、图 8-53 所示。

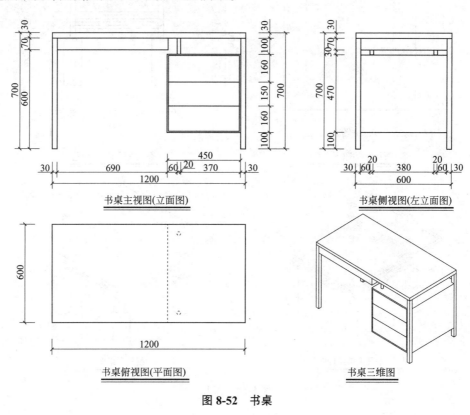

图 8-52　书桌

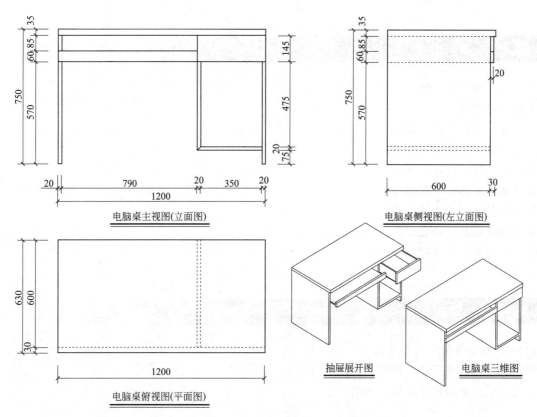

图 8-53　电脑桌

2. 茶几

茶几设计图例如图 8-54 所示。

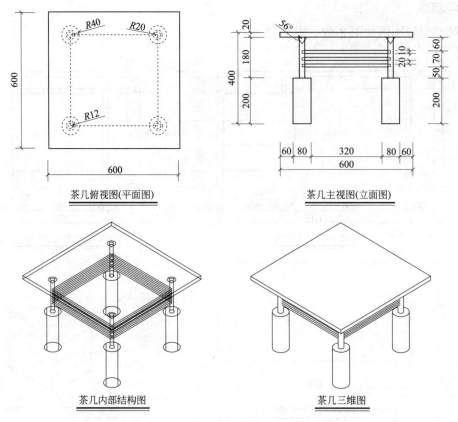

茶几俯视图(平面图)   茶几主视图(立面图)

茶几内部结构图   茶几三维图

图 8-54 茶几

 思考题

1. 家具设计的概念是什么?
2. 家具如何分类?
3. 如何绘制家具设计草图?
4. 如何绘制家具设计表现图?
5. 家具设计图的内容有哪些?
6. 如何绘制家具设计三视图?
7. 如何绘制家具设计三维图?
8. 如何绘制家具设计装配图?
9. 什么是家具设计详图?

实操题

如图 8-55 所示为椅子的各视图。
1. 根据所学,完成椅子三视图、三维图绘制。
2. 根据所学,完成椅子装配图绘制。

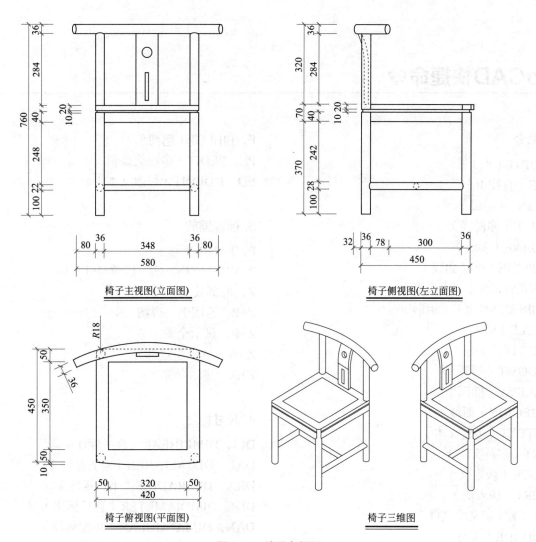

椅子主视图(立面图)

椅子侧视图(左立面图)

椅子俯视图(平面图)

椅子三维图

图 8-55　椅子各视图

AutoCAD快捷命令

1. 绘图命令

PO，POINT（点）
L，LINE（直线）
XL，XLINE（射线）
PL，PLINE（多段线）
ML，MLINE（多线）
SPL，SPLINE（样条曲线）
POL，POLYGON（正多边形）
REC，BRECTANGLE（矩形）
C，CIRCLE（圆）
A，ARC（圆弧）
DO，DOOMT（圆环）
EL，ELLIPSE（椭圆）
REG，REGION（面域）
MT，MTEXT（多行文本）
T，TEXT（多行文本）
B，BLOCK（块定义）
I，INSERT（插入块）
W，BLOCK（定义块文件）
DIV，DIVIDE（等分）
ME，EASURE（定距等分）
H，BHATCH（填充）

2. 修改命令

CO，COPY（复制）
MI，MIRROR（镜像）
AR，ARRAY（阵列）
O，OFFSET（偏移）
RO，ROTATE（旋转）
M，MOVE（移动）
E，DEL键，ERASE（删除）
X，EXPLODE（分解）
TR，TRIM（修剪）
EX，EXTEND（延伸）
S，STRETCH（拉伸）
LEN，*LENGTHEN（直线拉长）
SC，SCALE（比例缩放）
BR，BREAK（打断）
CH，CHAMFER（倒角）
F，FILLET（倒圆角）
PE，PEDIT（多段线编辑）
ED，DDEDIT（修改文本）

3. 视窗缩放

P，PAN（平移）
Z+空格+空格，实时缩放尺寸标注
Z，局部放大
Z+P，返回上一视图
Z+E，显示全图
Z+W，显示窗选部分
Z+A，显示全部

4. 尺寸标注

DLI，DIMLINEAR（直线标注）
DAL，DIMALIGNED（对齐标注）
DRA，DIMRADIUS（半径标注）
DDI，DIMDIAMETER（直径标注）
DAN，DIMANGULAR（角度标注）
DCE，DIMCENTER（中心标注）
DOR，DIMORDINATE（点标注）
LE，QLEADER（快速引出标注）
LE，QLEADER（快速引出标注）
DBA，DIMBASELINE（基线标注）
DCO，DIMCONTINUE（连续标注）
D，DIMSTYLE（标注样式）
DED，DIMEDIT（编辑标注）
DOV，DIMOVERRIDE（替换标注系统变量）
DAR，（弧度标注，CAD 2022）
DJO，（折弯标注，CAD 2022）

5. 对象特性

ADC，ADCENTER（设计中心"Ctrl+2"）
CH，Mo，PROPERTIES（修改特性"Ctrl+1"）
MA，MATCHPROP（属性匹配）
ST，STYLE（文字样式）
COL，COLOR（设置颜色）
LA，LAYER（图层操作）

LT，INETYPE（线形）

LTS，TSCALE（线形比例）

LW，LWEIGHT(线宽）

UN，UNITS（图形单位）

AT，ATTDEF（属性定义）

ATE，ATTEDIT（编辑属性）

BO，BOUNDARY（边界创建，包括创建闭合多段线和面域）

AL，ALIGN（对齐）

EXIT，QUIT（退出）

EXP，EXPORT（输出其它格式文件）

IMP，IMPORT（输入文件）

OP，PR，OPTIONS（自定义CAD设置）

PRINT，PLOT（打印）

PU，PURGE（清除垃圾）

RE，REDRAW（重新生成）

REN，RENAME（重命名）

SN，SNAP（捕捉栅格）

Ds，DSETTINGS（设置极轴追踪）

Os，OSNAP（设置捕捉模式）

PRE，PREVIEW（打印预览）

TO，TOOLBAR（工具栏）

V，VIEW（命名视图）

AA，AREA（面积）

DI，DIST（距离）

LI，IST（显示图形数据信息）

6. 常用CTRL快捷键

【CTRL】+1PROPERTIES（修改特性）

【CTRL】+2ADCENTER（设计中心）

【CTRL】+O*OPEN（打开文件）

【CTRL】+N，M+EW（新建文件）

【CTRL】+P+ PRINT（打印文件）

【CTRL】+S，SAVE（保存文件）

【CTRL】+Z，UNDO（放弃）

【CTRL】+X+ CUTCLIP（剪切）

【CTRL】+C，COPYCLIP（复制）

【CTRL】+V，PASTECLIP（粘贴）

【CTRL】+B，SNAP（栅格捕捉）

【CTRL】+F，OSNAP（对象捕捉）

【CTRL】+G，GRID（栅格）

【CTRL】+L，ORTHO（正交）

【CTRL】+W（对象追踪）

【CTRL】+U（极轴）

7. 常用功能键

【F1】HELP（帮助）

【F2】（文本窗口）

【F3】OSNAP（对象捕捉）

【F7】GRIP（栅格）

【F8】正交

参考文献

[1] 计算机专业委员会.AutoCAD2002 试题汇编.北京：北京希望电子出版社，2003.

[2] 魏明.建筑构造与识图.北京：机械工业出版社，2008.

[3] 刘清丽.环境艺术设计制图与识图.西安：西安交通大学出版社，2018.

[4] 徐晨艳.AutoCAD 室内设计施工图.上海：上海交通大学出版社，2016.

[5] 夏万爽，边颖.建筑装饰 CAD.合肥：安徽美术出版社，2016.

[6] 梁琼，严明喜，展庆召.AutoCAD 计算机辅助设计基础.石家庄：河北美术出版社，2016.

[7] 刘淑艳，孙波.AutoCAD 施工图绘制.南京：南京大学出版社，2012.

[8] 李喜群.室内设计制图.北京：人民邮电出版社，2014.

[9] 高远，张艳芳.建筑构造与识图.北京：中国建筑工业出版社，2005.

[10] 王强.建筑工程制图与识图.北京：机械工业出版社，2004.

[11] 梁玉成.建筑识图.北京：中国环境科学出版社，1995.

[12] 朱浩.建筑制图.北京：高等教育出版社，1998.

[13] 冯美宇.房屋建筑学.武汉：武汉理工大学出版社，2007.

[14] 姚震宇，赵纯，承恺.家具设计.重庆：重庆大学出版社，2006.

[15] 李克忠.家具与室内设计制图.北京：中国轻工业出版社，2019.

[16] 马玉兰，周金羊，曹云福.AutoCAD 室内施工图绘制.南京：河海大学出版社，2021.

[17] 叶翠仙.家具与室内设计制图及识图.北京：化学工业出版社，2014.

[18] 杨文波，朱婧.室内设计师岗位技能：室内设计工程制图与识图.北京：化学工业出版社，2021.